启笛

（挪）托马斯·韩礼德·埃里克森（Thomas Hylland Eriksen）著

马建福 译　纳日碧力戈 校

游牧的人类学家
巴特的人类学旅途

FREDRIK BARTH
An Intellectual Biography

北京大学出版社
PEKING UNIVERSITY PRESS

著作权合同登记号　图字：01-2025-0136
图书在版编目(CIP)数据

游牧的人类学家：巴特的人类学旅途 / (挪) 埃里克森 (Thomas Hylland Eriksen) 著；马建福译. --北京：北京大学出版社，2025. 5.
ISBN 978-7-301-35763-7

Ⅰ. Q98

中国国家版本馆CIP数据核字第2024WY2796号

Fredrik Barth: An Intellectual Biography.
Copyright for English translation © Thomas Hylland Eriksen, 2015.
First published by Pluto Press, London. www.plutobooks.com

书　　　名	游牧的人类学家：巴特的人类学旅途
	YOUMU DE RENLEIXUEJIA: BATE DE RENLEIXUE LÜTU
著作责任者	〔挪〕埃里克森（Thomas Hylland Eriksen）著　马建福　译
责 任 编 辑	闵艳芸　程文楚
标 准 书 号	ISBN 978-7-301-35763-7
出 版 发 行	北京大学出版社
地　　　址	北京市海淀区成府路 205 号　100871
网　　　址	http://www.pup.cn　新浪微博：@北京大学出版社
电 子 邮 箱	zpup@pup.cn
电　　　话	邮购部 010-62752015　发行部 010-62750672
	编辑部 010-62752824
印 刷 者	河北博文科技印务有限公司
经 销 者	新华书店
	650 毫米×980 毫米　16 开本　18.25 印张　250 千字
	2025 年 5 月第 1 版　2025 年 5 月第 1 次印刷
定　　　价	62.00 元

未经许可，不得以任何方式复制或抄袭本书之部分或全部内容。
版权所有，侵权必究
举报电话：010-62752024　电子邮箱：fd@pup.cn
图书如有印装质量问题，请与出版部联系，电话：010-62756370

英文版前言

我注定要只身前往伊拉克。在那里，[罗伯特教授]布莱德伍德为我提供了所需的食物和服装用具，还给了我一些钱，好让我继续独自进行田野调查。布拉森南美和远东航空公司每周有一趟飞往香港的航班，我想我或许有机会搭乘，所以我找到布拉森先生说："你能为一个和美国探险队一起外出的挪威年轻研究员留个空位吗？"他说，可以。他很热心支持挪威的研究事业，所以可以给我优惠。他通常会给机票打七五折——够吗？不够。我必须承认我甚至没有查看价格。他就这样告诉我，并问是否可以。我不得不承认，还差点——于是他给我打了五折。就这样我成功出发了。①

---

① 赫维丁教授慷慨地向我提供了大量的访谈记录，这些于1995年在埃默里大学进行的访谈，在我撰写这本书的过程中发挥了巨大作用。

弗雷德里克·巴特这样回顾自己1951年第一次去遥远的伊拉克库尔德斯坦做田野调查时的准备工作。这次田野调查并未能让他出版重要的系列作品，实际上还差点过早断送了他的学术生涯。但是他早期在库尔德斯坦所做的工作，标志着他一生研究工作的开始，这一研究工作非常新颖、全面和连贯。他的这项研究工作也是这本书的主题。

即便你此前不知道巴特是谁，当他走近时，你也能感受到他身上散发出的魅力。20世纪80年代，当他走上讲台的时候，我们看到一个身材高大、苗条的男人，他五官棱角分明，留着花白的小胡子，发际线似乎每年都会略微后退，手指修长，有贵族气质。他从不提高嗓门，常常沉浸在野外的幽默轶事中，带着孩子气的笑容。他讲的内容似乎简单易懂，但到后来我们才明白，这些内容都是经过认真的梳理调整，严格按照逻辑顺序编排的。巴特的演讲给观众一种出席特殊活动的感觉。

本书并非那种"生活与时代"类的传统传记——需要详细描述主人公的生活，顺便也观照社交网络和时代精神。毋宁说，本书意在长篇对话和思想史之间。弗雷德里克·巴特是本书的主人公，他是20世纪社会人类学的标志性人物，但是他的成就和想法，不可避免地涉及人类学和人类学以外更加普遍、较为宏观的取向。本书采用了传记的、历史的和对话的写作方法。我并非超脱的观察者，我自己也是巴特做出如此重要贡献的知识领域中的一员。自从1982年我在奥斯陆大学开始学习社会人类学以来，巴特始终是我的讨论伙伴，主要是思想上的交锋，但是有时候，这种"交锋"也会以肢体形式进行。那时，巴特是奥斯陆市中心人类学博物馆的教授，而我们在奥斯陆大学布林登校区的社会人类学系学习，那个校区要走两公里山路才能到达。他和社会人类学系的关系紧张而复杂，但不管什么时候，每当有学生问他能否来人类学系讲课，只要条件允许，他总会答应。巴特讲课从来不用讲义，也很少板书。然而，他抽空所讲的这些课却是我们听过的最精炼最清楚的课程之一。后来，我在做族群和民族主义研究的时候，许多外国同行在多年里都以为巴特曾经是我的导师。事实并非如此，上面已经交代清楚了，但是他的魅力仍然如此之大，以至于他在布林登校区的礼堂里似乎是一种精神上的存在，即使他实际上与那个校区相距有轨电车8站之远。

在人类学之外的领域，巴特几乎不为人所知。如果有的话，主要是通过那本具有重要影响力的著作《族群和边界》的"导言"被人们所了解。然而，他有点像人类学家中的人类学家，他比大多数人做了更多的田野调查工作，并坚信人类学的魔力来自于详细、近距离的民族志田野调查的细节和经验。我写这本书的主要目的是批判性地评价巴特所做的工作对人类学的意义，探讨它对文化反思更为广泛的意义。原则上，人类学是一门以人类生活方式为主题的学科，它若不能为我们人类带来自知之明，它的价值就会是有限的。

为了实现这一目的，仍然有必要将巴特的知识脉络置于更广阔的背景当中，我打算用他自己的方法来解释他的选择、定位和重心。在他的研究当中，巴特主要考虑的是理解社会过程，那些尽最大努力克服环境的限制、充分利用其所提供的机会的人，引发的社会过程。巴特经常研究更为广阔的知识世界，无论是有机的还是辩证否定的，包括结构主义、马克思主义和系统论等理论倾向，以及文化唯物主义、结构功能主义和文化解释学等专门的人类学贡献。回顾过去，巴特对行动者和有形社会过程的一贯关注被证明比战后时期影响社会思想的许多学术风潮更为强大。但最终我会说，在巴特作为学者的旅程中，有一点是显而易见的，即他的方法论显然存在局限性。

本书不是一位备受赞誉的学者的理想化的传记或者对其毫无批评的歌功颂德。相反，这是对一位独特而创新的思想家的批判性审视,正如巴特自己的文本也常常带有论辩的目的,我在表述他的观点时,并不试图隐藏可能的反对意见。这种做法完全符合巴特的精神。他从不属于某个学派,也不希望别人做他忠实的追随者。相反,他试图遵循博物学家尼科·廷伯根的格言——"观察和探究",当自己的观念被证明是错误的时候,就修正它。

在本书的写作过程当中,我得到了国内外同行的鼎力支持。本书后面所附的巴特出版作品清单,是由奥斯陆大学图书馆馆员阿斯特丽德·安德森和弗洛伊丝·豪根二位整理提供的,我经她们的允许稍作了一点编辑,它对我帮助很大。非常感谢卑尔根大学的爱德华·赫维丁教授,感谢他允许我仔细查阅和引用他和巴特1995年的一系列对话整理稿。这种慷慨的行为是一种非凡的赠予,它让我们记住,互惠不仅是社会人类学的一个基本范畴,也是生活本身的一个基本范畴。此外,与其他同行和学者的交谈以及他们的评价,也让我受益匪浅。在这里,我想特别提到米歇尔·班顿、西奥·巴特(和弗雷德里克·巴特没有亲缘关系)、扬·佩特·布隆、奥塔尔·布罗克斯、尼尔斯·克里斯蒂、冈纳尔·哈兰(挪威语中拼作 Haaland)、古德蒙德·赫恩斯、理查德·詹金斯、阿恩·马丁·克劳森、亚当·库珀、伊弗·诺伊曼、贡纳尔·索博、田·索豪格、阿尔夫·索鲁姆和理查德·A.威尔逊。巴特的小儿子吉姆·维肯·巴特不厌其烦地告诉我一个非常不寻常的童年和青春期。我要特别感谢尤妮·维肯,感谢她对本书的鼓励和支持,以及和我分享有关本书写作的想法和意见。

这本书是2013年斯堪的纳维亚大学出版社以挪威语出版的同名书籍的翻译和修订版。在翻译的过程中,我做了稍许改动,但基本与原作保持一致。在这方面,我要感谢丛书编辑克里斯蒂娜·加斯滕和弗瑞德·阿米特的鼓励,感谢普鲁托出版社的安妮·比奇对我工作的持续支持,以及新闻界的同事们和评论家在挪威手稿提交到英文版完成期间的一年里提供的宝贵的意见和建议。

我也很感谢尤妮·维肯和弗雷德里克·巴特慷慨地允许我使用他们个人档案中的照片。

感谢弗雷德里克·巴特本人的支持和精辟的评论,以及他"离家"后的一系列精彩对话。这些相遇让我后来明白,在1979年的少年时代观看电视剧《他族的生活和我们自己的生活》以来,我从巴特那里学到的最重要的事情是,我们认为理所当然的大部分事情可能并非如此。我们应该不带偏见地探索世界的文化多样性。最后但同样重要的是,没有理由相信人会因为对别人的价值观感兴趣而失去自己的价值观。

2014 年于奥斯陆

目　录

第一部分　实干家

观察与探究 / 3
权利和荣耀 / 29
游牧自由 / 67
创业者精神 / 86
具有全球影响力的理论家 / 96
族群与边界 / 116

第二部分　知识人类学

巴克塔曼共鸣 / 133
一种新的复杂性 / 159
动荡时期 / 173
文化复杂性 / 190
导师和巫师 / 209
介于艺术和科学之间 / 237

附录 1　巴特作品列表 / 249
附录 2　其他参考文献 / 270

第 一 部 分　　实 干 家

观察与探究

  正如社会人类学描述中经常出现的那样，我们的任务是要弄明白，为了了解这个社会，需要弄清楚哪类事情，而不是试图严格记录探究者原则上已经知道的问题答案。①

  挪威第一个姓巴特的人是来自萨克森的采矿工程师，他被国王带到当时的丹麦省，协助其从康斯堡的矿山中挖掘白银。正如弗雷德里克·巴特所说，这位祖先是以开发专家的身份来到这个国家的。他的一个后代，托马斯（汤姆）·弗雷德里克·韦比·巴特（1899—1971年），也看到岩石里蕴藏的价值。他成了一名地质学家，并在 27 岁时获得了博士学位，然后于 1927 年获得奖学金

---

① Fredrik Barth, Sohar: *Culture and Society in an Omani Town* (Baltimore, MD: Johns Hopkins University Press, 1983), p.8.

前往德国。在莱比锡求学期间，他的第一个也是唯一的儿子于1928年12月22日出生，比姐姐托妮晚了四年。根据家族传统，这个男孩取名为托马斯·弗雷德里克·韦比·巴特，和他父亲一样；但可能是为了避免混淆，按照传统，在日常生活中，两位男性继承人应该分别被称为汤姆和弗雷德里克。

弗雷德里克·巴特的母亲兰迪（姓托马斯森，1902—1980年）并非学者，但她对艺术有浓厚的兴趣。弗雷德里克和他的母亲关系非常亲密。在他一生当中，说挪威语时带着轻微的颤音"r"，在当时，这通常被认为是由来自南海岸的家庭教师所教；但弗雷德里克的颤音，却是受到来自克里斯蒂安桑的母亲和姨妈的影响。

研究员巴特
（图片经戈斯塔·哈玛隆德许可使用）

巴特一家并没有留在德国。汤姆·巴特很快就得到了一笔新的奖学金,之后又在华盛顿的卡内基研究所谋得了一个职位。当全家前往华盛顿时,弗雷德里克才六个月大,他们后来在美国一直生活到弗雷德里克七岁要准备上学前。那时,他的父母希望能回到挪威,所以当奥斯陆有学术工作的机会时,他们就回家了。第二年,汤姆·巴特成了地质学教授。他的事业在第二次世界大战时中断,那时他参加了抵抗运动。战后,汤姆·巴特在芝加哥做了三年访问学者,之后返回奥斯陆矿物地质博物馆,在那里,他继续担任教授和馆长,直到1966年退休。

汤姆·巴特是一个魅力非凡、极具威信的人。他也因极度自律而闻名。即便是全家去参加聚会很晚到家,他还是会走进书房,修改写作中的论文。他给人的印象是强大而非严厉,对他的儿子来说是一个天生的榜样。弗雷德里克说,他家在奥斯陆西边靠近霍尔门科伦的地方租了一套公寓。1940年4月,公寓被纳粹德国空军没收。4月20日,他们全家被驱赶出公寓,搬到了奥斯陆西边的另一处住所,在那里弗雷德里克度过了他的成长岁月。

尽管奥斯陆处于一个众所周知的平等主义社会,但在东西轴上却存在严重的阶级分化。弗雷德里克长大了,生活在树木葱郁的西城区,那里的居民都是受过良好教育的中产阶级。在塔森上完小学后,他又在布林登上完了中学。如今奥斯陆大学的主校区也在布林登。巴特似乎很喜欢学校。据他的老同学,著名的犯罪学家尼尔斯·克里斯蒂说,巴特各门功课成绩优秀,总体上表现"优秀"。除此之外,巴特还是一个异常熟练的绘图员。

在过去的半个多世纪里,巴特回忆起占领时期——1945年结束时他16岁,认为那是一个"奇怪的好形势",一方面"你可以站在大多数人一边,同时也反对统治当局"。因为可以为合法之事而战，故那时加入谴责社会的抗议团体对人们并无吸引力。

然而，巴特似乎有叛逆倾向。和克里斯蒂和另一个同学斯文·克努森一道，巴特在家成立了一个课外学习小组和一个反宗教学生社团。在一份非常正式且被签署的预算当中，我们发现后一个组织有一项账目，估计价值三克朗（额度不大），被称为"入会费"。路德会的入会仪式在当时几乎是青少年男女普遍参与的。

德据时期，巴特最有意义的经历是被派到乡下，和恩厄达尔的农民一起生活，那里是挪威南边靠近瑞典边界的偏远地区。在那里，他帮助农民收集地衣和青苔，当作牛的饲料，并从山上的夏牧场转到海拔较低的秋牧场。乡村生活依然很传统，很少使用机械，青年巴特对此有所领略。短短几年之后，他在同一个地方进行了一次小规模田野研究。

学生时代即将结束之际，巴特曾有一段时间做过雕塑家斯蒂尼·弗里德里克森的学徒，弗里德里克森教他制作黏土模型。他不无自豪地说，弗里德里克森创作的画家拉斯·赫克托韦格雕像的右脚上的鞋子，是他的杰作，今天依然在斯塔万格公开展示。那时候，很难看出巴特会将自己的一生奉献给学术研究，他终其一生对艺术保持浓厚的兴趣，虽然这种兴趣在他的学术写作中难以察觉。

1946年，当汤姆·巴特在芝加哥大学获得一个职位时，他的儿子获得了入学的机会，并且抓住了这个机会。用巴特自己的话说，他的机遇状况的改变似乎对他人生道路的早期选择起了决定性的作用。可想而知，要不是芝加哥大学提供了这个选择，巴特终会是一个雕塑家，而不是社会人类学家。然而，出乎预料的是，考虑其家庭背景，他并没有选择自然科学，而是主修人文科学当中的人类学专业。

父子二人近乎两个单身汉动身前往美国，巴特的母亲则留在奥斯陆。1945年,弗雷德里克的姐姐托妮嫁给了化学家泰克尔·罗森奎斯特,这对年轻夫妇移居特隆赫姆,罗森奎斯特在挪威理工学院①获得了一份工作。不管是当时,还是现在,芝加哥大学都是美国最好的学术机构之一。在第二次世界大战后的几年里,美国的大学充满了活力,因为整整一代为了服兵役不得不中断或推迟学业的美国士兵,都拿着国家助学金重返校园。因此,年轻的巴特作为一个早熟的少年,和比他大几岁的学生一起,进入了学术生活。后来,他说成为芝加哥大学人类学专业的一名学生,的确是"实现了我的最高理想"。② 和许多好奇心强的男孩子一样,他为动物学和进化着迷,去听古生物学家阿纳托尔·海因茨关于人类起源的课程,但战争结束后不久,他发现他可以研究文化和社会人类学。这在一定程度上是他与美国人类学家康拉德·阿伦斯伯格短暂会面的结果,后者于1945年5月到访奥斯陆,当时仍然穿着军服。

巴特开始做研究时还不到18岁,等到了21岁时,他已经成功读完了硕士,并且和同学玛丽·"莫莉"·阿利(1926—1998年)结婚,玛丽的父亲是动物学教授沃德·克莱德·阿利。我们有充分的理由相信巴特的岳父,这位将自己大部分职业生涯投入到动物群体动力学研究的教授,对巴特产生了一定的影响,巴特之后很快发展出自己关于人类群体的分析策略。老师们对这名来自挪威的学生印象深刻,尽管他还很年轻,考古学教授罗伯特·布莱德伍德毅然邀请巴特作为自己田野调查的助手,去伊拉克库尔德斯坦进行他筹划的野外

---

① 这所工程学院曾是该国最大的工程学院,直到1996年与特隆赫姆大学合并成立挪威科技大学。顺便提一句,这个名字在社会科学家和人文主义者,包括人类学家中,并不太受欢迎。

② Fredrik Barth, 'Sixty Years in Anthropology', *Annual Review of Anthropology* 36 (2007), p.2.

调查。巴特计划,等考古学家们离开后,仍然留在库尔德斯坦做人类学田野调查。

在学术占据主导地位的国家里,"二战"之后,人类学作为一门学科发展迅速。但是德国例外,这门学科在德国的发展处于混乱状态。许多德国人类学家,其中包括相当数量的犹太人,成功地及时离开了这个国家,而其他人不仅留下来,而且在战争之前和战争期间与纳粹合作,背弃了自己的原则。德国许多资深人类学家本身就是活跃的纳粹分子和纳粹党成员。[1] 这并不完全是巧合。"二战"之前,人类学中的生物和文化解释之间没有明确的、公认的区别,许多人类学家,尤其是德国和中欧国家的人类学家,认为文化多样性和假设存在的种族差异相关。此外,许多人类学家认同纳粹的观点,担心文化融合可能会导致退化效应。占主导地位的人类学文化概念与影响民族主义思想的文化概念有着共同的起源,后者被纳粹发展成极端的种族主义倾向。

这种文化观念可以追溯到哲学家和神学家约翰·戈特弗里德·赫尔德(1744—1803年)那里,年轻时他思想激进,强调所有民族都有自己独特的Volksgeist,即"民众灵魂"(国内多翻译成"民族精神"——译注),和语言、土地和习俗关联在一起。[2]二百年来,基于对根植于赫尔德思想的文化的理解,民族主义者和文化相对主义者强调外部界限和内在相似性。从平和且超凡脱俗的学术讨论转移到政治领域,这样的文化概念可轻易激励保卫纯洁的战士和狂热的边防卫士。南非种族隔

---

[1] Andre Gingrich: 'The German-speaking Countries', in Fredrik Barth, Andre Gingrich, Robert Parkin and Sydel Silverman, *One Discipline*, *Four Ways*: *British*, *German*, *French*, *ancl American Anthropology* (Chicago: University of Chicago Press, 2005), pp.61-156.

[2] Thomas Hylland Eriksen and Finn Sivert Nielsen, *A History of Anthropology*, 2nd edn. (London: Pluto, 2013), pp.12-15.

离的意识形态,主要是在两次世界大战之间由斯泰伦博斯大学教授、德国出生的人类学家沃纳·艾赛伦发展起来的。[1]在不同民族之间实施强制"隔离"(种族隔离)的理由之一是:过多的接触是有害的,会削弱他们的生命力、认同感和社会凝聚力。根据这种观点,文化融合会使不同出身的南非人背井离乡、孤立疏远。

德语世界几位主要的人类学家对这种观点既熟悉又赞同。后来被视作巨大丑闻的是,[2]其中一些人在战后被保留了学术职位,尽管他们的国际影响力在那时为零。这些倾向都没有传到巴特身上。他开始学习这个专业时,对文化多样性的种族主义解释在美国已经过时。

受全球学术影响的其他地方,情形则和德国截然不同。在法国,两次世界大战期间围绕由马塞尔·莫斯(1872—1950年)主持的研讨会,一个活力四射的学术环境得以发展起来。在莫斯的圈子里面,许多人都有欧洲之外的田野调查的经历。不久之后,克劳德·列维-斯特劳斯(1908—2009年)于1949年发表了他的鸿篇巨制《亲属关系的基本结构》[3],以其新的理论——结构主义——为亲属关系研究设定了新的议程。巴特在芝加哥开始学习时,比他大18岁的列维-斯特劳斯刚刚离开了位于纽约的社会研究新学院的图书馆,之前列维-斯特劳斯一直在那里撰写他的巨著。但是,法国人类学对巴特并没有产生特别的影响,即使二十年之后结构主义成为学术主流趋势后依旧是如此。

---

[1] Hermann Giliomee, *The Afrikaners: Biography of a People* (Charlottesville: University of Virginia Press, 2003).

[2] Gingrich, 'The German-speaking Countries'.

[3] English edition: Claude Lévi-Strauss, *The Elementary Structures of Kinship*, 2nd edn., trans. James Harle Bell, John Richard von Sturmer and Rodney Needham (London: Eyre and Spottiswoode, 1969).

与此同时，英国的人类学在战后发展迅速，逐步建立起自己的体系，暂时在理论方面占据主导地位。尽管20世纪英国社会人类学的两位创始人，布罗尼斯拉夫·马林诺夫斯基（1884—1942年）和阿尔弗雷德·雷金纳德·拉德克利夫-布朗（1881—1955年），都已经退出学界（马林诺夫斯基于"二战"期间在美国去世，拉德克利夫-布朗于1946年退休），但他们的学生和后继者制订了一系列雄心勃勃的理论研究计划，旨在让社会人类学发展为一门完全成熟的科学。其重点往往是小规模社会中的亲属关系和政治。巴特很快开始积极地将自己与这一传统联系起来，并且经常被认为是这一传统的一部分，这看法存在部分准确性。他尤其被英国学派典型的对社会过程实用且切实可行的研究方法所吸引。

然而，就人类学家的数量和他们所进行的研究的范围而言，没有哪个国家能与美国相提并论。美国人类学的发展历史和结构都与英国和法国大为不同。在欧洲，人类学可以追根溯源到社会学和法学（所以才有社会人类学这个称呼）。尤其是在英国，这门学科的关注点是社会结构、权力和政治。美国人类学的历史则迥然不同。美国第一位真正意义上的人类学家是路易斯·亨利·摩尔根（1818—1881年），他在美国东北部靠近加拿大边境的森林地区，对易洛魁人进行了田野调查。摩尔根是一个不感情用事的唯物主义者和系统主义者，他发展了文化进化和技术变革的理论，这将对马克思和恩格斯后来关于前资本主义社会的写作产生影响。然而，在20世纪50年代终于得益于一群年轻的研究人员对物质文化和进化的兴趣而重见天日之前，摩尔根的知识遗产已经蛰伏了近一个世纪，积聚动力，积累复利。对摩尔根进化论唯物主义如此迟到的接受，可以用一个名字来解释概括：弗朗茨·博厄斯。

博厄斯（1858—1942年）生于德国，是犹太裔移民，从1899年到去世，他一直担任哥伦比亚大学人类学系的主席。他自己的田野研究主要是在美国西北海岸的因纽特人和土著人中进行的,在那四十年当中,他是美国人类学实际的领导者。他教了几代学生,从阿尔弗雷德·克罗伯和爱德华·萨丕尔到玛格丽特·米德和鲁思·本尼迪克特,这些学生直到战后几十年都持续界定着美国主流人类学,迄今仍能够强烈地感受到他们的影响。

可以说博厄斯创建了现代美国人类学,就如同赫尔德、威廉·冯·洪堡和威廉·狄尔泰创造了德国人文学科——人类科学或精神科学,这和摩尔根粗俗实用的唯物主义不同,后者是地道的美国佬。从赫尔德那里,博厄斯继承了一种可以比较使用的文化观。洪堡在19世纪前几十年推出了大学模式,强调伴随个人发展(教育)的综合知识,而不是过度的专业化。哲学家狄尔泰的解释理论为如何研究其他民族的象征性世界提供了方法论指导。在博厄斯看来,研究象征及其意义属于文化人类学,它现在已经是这门学科的中心议题。

博厄斯被广泛认为是文化相对主义方法的开创者,根据文化相对主义,每一种文化都应该以其自身的表达形式被理解,而不是限制在预先制订的进化方案当中。但是,他也坚持,应该全面教授和学习人类学,这就意味着这门学科应该包括四大领域:体质人类学、考古学、语言学,最后是社会—文化人类学,这四个领域都需要学生学习。今天,这种四分法已经不具备以前的影响力,但绝大多数美国人类学专业依然开设人类进化和考古学方面的基础课程。

巴特曾经就读的芝加哥大学人类学系,以博厄斯的四分模式为基础,但在其他方面,它是美国主要人类学系当中受博厄斯影响最小的单位。对这种异常,有两种直接的解释。首先,芝加哥大学有一个活跃的、积极开展知性创新的社会学系,人类学领域的方法在那里得到了积极的运用。第一次世界大战结束以后,在罗伯特·帕克的领导下,芝加哥社会学家在族群关系研究的新兴领域开展了开创性的工作，他们还开发了研究复杂社会中群体关系的新方法。① 有趣的是，巴特——他后来对种族研究产生了巨大的影响——在研究中并没有与这个群体有过接触。另一方面，他确实认识了欧文·戈夫曼（1922—1982年）。戈夫曼在接下来的几年里成为一名社会学家，他在个体能动性和角色理论方面的研究对巴特在20世纪60年代的研究产生了决定性的影响，而他也钦佩巴特对社会状况的巧妙分析。当时，他们不会怀疑他们都将开创辉煌的事业。

除了众多芝加哥社会学家之外，拉德克利夫-布朗也在将人类学从博厄斯主流当中分离出来的过程中，起了重要作用。拉德克利夫-布朗是涂尔干社会学的继承人，也是广为熟知的英国主要社会人类学理论家。1931年到1937年，他曾在芝加哥大学当过六年的人类学教授。巴特的某些老师就是拉德克利夫-布朗的学生，他们从老师那里学到，对社会关系和社会结构的研究，远比对象征意义的研究更为基础。

1946年是充满希望的一年。世界正在慢慢摆脱六年可怕战争的尘埃、汗水和绝望，在旧的废墟上积极建造新的宫殿，决心抛弃过去的罪恶，乐观地进入本世纪下半叶。这至少可以部分归因于人们意识到邪恶已经被击败，至少当时是这样。在巴黎，萨特和波伏娃吸着没有滤嘴的香烟，在他们常去的蒙帕纳斯咖啡馆里喝着咖啡，看着来来往往的路人，写一些文字，愤怒地抨击霸权，对服务员的"服务特性"做一番哲学探讨。在哈莱姆区，非裔美国人的复兴将发展出自莫扎特以来最复杂、技术上最耀眼的流行音乐，让人们大开眼界。联合国在一片祥和的国际氛围中成立，一个国际委员会正在忙着起

---

① Ulf Hannerz, *Exporing the City: Inspuiries toward on Urban Anthropology* (New York: Columbia University Press, 1980).

草《国际人权宣言》(尽管美国人类学协会对此提出抗议,博厄斯的学生梅尔维尔·赫斯科维茨领导的委员会批评它在评估人权时没有将文化差异纳入其中)。印度人和印度尼西亚人正在准备独立,去殖民化的东风即将吹过广袤的非洲大陆和加勒比地区。毫无疑问,这是一个新世界,也是一个新时代,1946年时的早熟少年弗雷德里克·巴特人逢其时。

芝加哥人类学同时面向自然科学和人文科学。本科期间,巴特学习了用于遗传研究的数学模型,以及解剖学和生理学,教他体质人类学的主要老师是杰出的灵长类动物学家舍伍德·"雪莱"·沃什伯恩,考古学老师是美索不达米亚专家罗伯特·布莱德伍德。巴特的文化和社会人类学老师包括以墨西哥和印度村落研究而闻名的罗伯特·雷德菲尔德,以及拉德克里夫-布朗的学生弗雷德·伊根和劳埃德·华纳。雷德菲尔德对规模和比较感兴趣,并主张当人类学家在一个小地方或一个"小传统"中进行研究时,有必要将其与"伟大传统"的研究结合起来。巴特继承了雷德菲尔德对规模的兴趣,但直到后来才继承后者对世界伟大传统的热情。

除了进行深入的研究之外,巴特还在1947年夏天抽出时间参加了科罗拉多州的一次小型考古挖掘,挖掘完成后,他决定搭便车向西去太平洋海岸。这项努力最初没有成功。在满是灰尘的坑里待了几个星期后,他肯定看上去像一个经验丰富的流浪汉。后来他认识了一个流浪汉,这流浪汉向他传授了怎样扒上货运列车而不被发现的艺术,之后,情况迅速好转。[1] 通过这种方法,巴特在美国西部免费乘坐了一个月的火

---

[1] 几十年前,一位芝加哥社会学家内尔斯·安德森曾对美国流浪汉进行过一次敏感的民族志研究, in *The Hobo*: *The Sociology of the Homeless Man* (Chicago: University of Chicago Press, 1923)。

车，从内华达州的沙漠一路坐到了加利福尼亚州的海滩。①

这是一桩典型的巴特轶事。他的一生都被好奇心驱使着，当他站在这个世界上的时候，他就没有想着让它安安静静，不受干扰。他总是善于在机会出现的那一刻抓住它们。在这特殊的情况下，这种能力带他走遍了美国的偏远地区，未来会以更具体、更有成效的方式让他受益。

巴特来自家学的自然科学方法和在芝加哥跨学科人类学研究中学到的自然科学方法，无疑有助于塑造他的方法论和理论观点。他一辈子强烈反对猜测、站不住脚的概括和过度解释，坚持把观察作为最重要的知识来源，并对泛化概括保持沉默。

在芝加哥的那几年，巴特在职业生涯和个人成长层面都获得了发展。八十多岁时，他说话还带有明显的美国口音，尽管他后来对英国社会人类学很感兴趣，但他一生都和美国人类学关系密切。巴特最后担任的人类学职务是在波士顿大学做兼职教授，直到2008年正式退休。

前言开头提到的布莱德伍德提供的职位，是在巴特的硕士论文提交之前就提供的。布莱德伍德研究项目的重要一环是确定野生绵羊和山羊的驯养时间，当然还有其他野生动物的，所以他需要一位能够区分动物骨头的骨骼学家。考虑到巴特的古生物学知识虽然有限却是现成的，布莱德伍德觉得他是这份工作的合适人选。芝加哥的地质学教授汤姆·巴特也向布莱德伍德提出建言，这并非完全不可想象。尽管如此，布莱德伍德从一开始就意识到巴特去伊拉克库尔德斯坦旅行的真正动机是希望在那里进行人类学田野调查。正如前言中引用的那段话所提到的，考古学家走后，巴特计划继续留在库尔德山区。

---

① Fredrik Barth, *Vi mennesker*: *Fra en antropologs reiser* ['Us humans: From an anthropologist's journeys'] (Oslo: Gyldendal, 2005), p.14.

在伊拉克的考古发掘始于1951年,与此同时,巴特回到了奥斯陆的家中。1949年秋季,20岁的他获得了人类学学位,刚刚结婚就失业了。正是在这前后,他在奥斯陆人类学博物馆结识了"阁楼小组",那是几个跟古托姆·耶辛(1906—1979年)教授学习人类学的年轻人,他们后来在挪威和斯堪的纳维亚的人类学领域留下了自己的印记——尽管是受到了巴特的某种影响。这个"小组"之所以在地方研究之外引人注意,是因为它体现了从早期的以日耳曼人类学为主向以盎格鲁-撒克逊人类学为主的转变,这种转变发生在20世纪50年代的挪威,但在其他受人类学影响的国家也发生了类似的转变,只是时间大多较晚。

人类学博物馆位于奥斯陆市中心的历史博物馆二楼和三楼。若以国际标准来衡量,这个博物馆的规模和格局都不大,但它却有一个研究部门,并且在当时,它是挪威教授各种社会和文化人类学的唯一机构。正是在这栋楼上,巴特会遇到著名语言学家阿尔弗·索默费尔特的儿子艾克塞尔·索默费尔特,一个抽烟斗的年轻人,对当下人类学的主要趋势却已经很有了解,尤其是对英国学派。还有具有敏锐分析能力的扬·佩特·布隆,后来在卑尔根大学的校园里,经常可以看见他戴着贝雷帽和领结,巴特离开之后,他成为卑尔根大学人类学研究的领军人物。海宁·西弗特斯当时也在那里,他是一个诙谐有趣的初级研究员,后来在对墨西哥村落生活的分析当中,他试用了穿孔卡片和电脑技术。之后,又有人加入了这个人类学学生们的小小俱乐部,"阁楼小组"这个先驱组织几乎所有的成员,后来都在奥斯陆大学和卑尔根大学教书和做研究,从1960年前后到新千年到来之际一直如此。

巴特是否成为"阁楼小组"的正式成员是一个悬而未决的问题。正如他当时的一位同事所说,在去做田野调查或去剑桥之前,他"像旋风一样冲进了阁楼"。博物馆阁楼的生活,有人觉得和其他大多数博物馆一样，有一种缓慢而引人深思的节奏，但不包括巴特在那的一段短暂时光。他带来了充满活力、热情和魅力的氛围，这在1949年就已经很明显了。

　　作为老巴特教授的儿子，弗雷德里克在学术生涯中有一些人脉。但他对古托姆·耶辛较为冷淡，耶辛对他亦如此。据阁楼里的年轻学者说，耶辛的人类学在一定程度上有点过时。他希望能全方位研究"人"，包括生态学、经济学、政治学、仪式、历史、艺术、宗教、进化等各个方面，而不仅仅停留在考古学方面。并且，如果可以的话，他更愿意一次性做到这些。耶辛的人类学主张和美国四领域人类学多样性之间有亲缘关系。主要区别在于，美国将这四个领域分开来学。作为考古学家的耶辛对博物馆同样很有热情，他认为好的、有趣的研究，最好是在研究博物馆藏品的基础上产生。然而，他的学生发现了英国的社会人类学，并且坚信这门学科应该专注于研究真实的社会生活，而不是死亡的物体。等到巴特代表学生们开玩笑地提出，博物馆可以卖掉藏品来资助田野调查时，这场冲突才变得白热化。所以巴特绝不会是耶辛教授最喜欢的那个学生。

　　此时，巴特还参加了由社会学家斯维尔·霍尔姆主导的关于挪威乡村社区的研究项目。他得到了一笔不多的资助去索里亚做调查，那里离恩厄达尔很近。"二战"期间他曾在恩厄达尔待过一夏。这项研究的目的是要对人类的适应性做出一种生态描述，以此来表明挪威山区农场是怎样利用他们那稀少的资源的。此外，一位对婚姻习俗感兴趣的美国社会学家当时正到访挪威，巴特也可以为他提供一些素材。

　　对巴特来说，索里亚的这次短期项目很重要，因为它是人类学田野调查的一次实践测试。在芝加哥攻读学位期间的学习，并没有带给他像田野调查这样的实践练习。通常来说，人类学研究方法很难被教会，要通过实践才可以习得。没有两种人类学经验是相同的,尽管有许多标准程序,但总是有必要随机应变。

许多社会研究都使用访谈作为主要的素材来源,正式的或非正式的、量化的或质性的。人们常说,无论是基于统计材料还是标准化的问卷调查,定量研究方法只能了解关于数量众多的调查对象的很少知识。而采用以深度访谈为主要数据来源的质性研究方法,情况则刚好相反:研究者访谈的调查对象相对较少,但作为补偿,他们对深度访谈的对象了解得更多。人类学超越了这一基本区别,提出了第三种研究方法:参与观察。这种方法既不是资本密集型,也不是劳动密集型。派一名人类学家去实地考察是相当便宜的,它只需要一张往返票、必要的生活费,或许还有支付助手的钱。尽管田野调查可能会让人精疲力尽,但它并不是真的以艰苦的工作为特征的。田野调查时,当人类学家花费大量时间用来等待和进行常规活动时,他们也会和周围的人谈论感兴趣的话题。观察和交谈一样重要。

说到这里,有必要强调一下,田野调查确实是一项时间密集型活动。这是因为在理想状态下,开展田野调查的人类学家并不会问一些引导性的问题,而是等待研究对象自己提到一些有趣的问题,不建议研究者加快数据收集。当人类学家和他们的研究对象交谈时,他们试图进行普通的对话,研究对象很可能会问和人类学家一样多的问题。研究对象可能也会有兴趣了解另一种文化。因此,田野调查可能会很累。巴特是20世纪人类学领域最活跃的实地工作者之一,他欣然承认,在与研究对象交往了一整天后,他经常因为筋疲力尽而渴望能有几个小时来沉思。作为一名民族志田野调查工作者,你是把整个自我作为一种研究工具,因此有时候你会得出这样的结论:如果有时候田野调查让你没有感觉到疲惫,那么一定是你某个地方搞错了。

游牧的人类学家：巴特的人类学旅途

　　此外，人类学家认为只是倾听人们怎么说并不够，还要看他们实际是怎么做的。因此，民族志田野调查有两种数据来源：基于民族学家和调查对象的对话的访谈数据，和包括调查对象之间的非正式访谈在内的观察数据。遗憾的是，当下人类学研究正在不断被访谈数据所主导，这些访谈数据可以通过交谈而快速收集，也可以相对容易地编辑整理，不像社会互动和其他种类的观察数据，必须要经过理解和情境化，尤其是必须要被转换成语言。这种倾向于访谈数据的转变，很大程度上可能是由于时间限制和日益增长的快速且大量发表文章的压力。

　　巴特的人类学也许比任何其他东西都更能证明观察的重要性。虽然他偶尔会在自己的文章中表达自己，但没有自我放纵的迹象，他更倾向于关注人们的所作所为，而不是他们所说的话。巴特的这种方式，特别是在他早期的研究当中，有时候被称为"方法论个人主义"；对于这种说法，他本人并不热衷。这种观点假设所有社会现象都可以通过个人和他们的活动被人理解。巴特虽然厌恶这种观点，但毋庸置疑，在他漫长的职业生涯中，他一直代表着一种行动者取向的人类学，强调可感知的社会过程，而不是结构或文化。

　　1916—1918年期间，马林诺夫斯基在新几内亚附近的特罗布里恩德（Trobriand Islands）进行实地考察时，首次系统地将参与观察作为人类学数据收集的主要方法。在马林诺夫斯基之前已经有很多人做过田野调查，但都缺乏明确的方法论，没有严格区分访谈和观察。例如，弗朗茨·博厄斯主要使用访谈（通常由乔治·亨特等优秀的研究助理进行，乔治自己也是特林吉特人），马林诺夫斯基的同时代竞争对手拉德克利夫-布朗也是如此，他作为一名理论家比作为一名人类学家更有成就。对马林诺夫斯基来说，最重要的是人类学家要放弃传教士阳台的舒适，在海滩上搭帐篷，与当地人生活在一起。

出于科学原因,他不得不在村子里待足够长的时间,让村民们开始忽视他的存在,让民族志学者们找出社会生活中的规律。总之,实地情况必须尽可能接近常态。

为了在这种实地研究中取得成功,有必要把你的整个自我作为一种研究工具。你必须主动开展社交,和人们聊天,倾听他们的意见,在他们做日常杂务时跟随其后,进行观察和闲聊,同时不被视为入侵者或间谍。巴特很快成为一名非常熟练的实地工作者,他有一种独特的能力,能够迅速看到人们面临的危险以及特定的社会状况意味着什么。20世纪90年代初,一位年轻的同事讲述了他是如何在巴特的一次演讲中学会用一种新的方式看待世界的。① 巴特在黑板上画了四个椭圆形,解释说它们代表了几天前他在白雪覆盖的花园里看到的动物足迹。问题是从这些贫乏的数据中可以收集到什么样的信息。一名学生(可能有童子军的背景)暗示它们属于松鼠和野兔。当巴特问及它们移动的方向时,一个受过更多动物学训练的学生回答说,他们似乎是朝着相反的方向移动的,尽管轨迹实际上是相同的。巴特当时已经六十多岁了,但他却在讲台上来回跳跃,先是作为一只野兔,然后是作为一只松鼠,以证明为什么学生是对的。② 关键在于,相同的物理表达不一定指相同的内容或意思。观察的技巧不仅仅涉及观察,还包括理解一个人所看到的是什么。

巴特在完成对索里亚山区农场的研究后,凭着布拉森南美和远东航空公司(如今是一家早已倒闭的航空公司)给他的折扣坐飞机去加入布莱德伍德的探险队。当考古学家回家

---

① Thorgeir Kolshus,私人交流。
② 正如古德蒙德·赫恩斯在1988年12月22日的《每日新闻》中所指出的那样,巴特在讲座中还会展示美拉尼西亚狮蛙是如何在丛林中紧贴在大叶子下面的,他确实很有趣。

后,他留了下来,利用他在挖掘过程中认识的库尔德工人,绘制了一张人际关系网。在库尔德领袖巴巴·阿里·谢赫·穆罕默德的协助下,他获得了研究许可,巴巴甚至邀请他去苏莱曼尼亚镇外研究他的佃农。正如巴特后来所说,他在库尔德斯坦的处境再幸运不过了。[1]

在早期的人类学研究中,一个研究人员或许可以不必提出明确的问题。如果你只在一个充满异国情调的地方待一段时间,你发现的任何东西都会让人觉得有趣。人类学家在20世纪30年代甚至40年代从野外归来,仍然可以通过提及他们对未知的好奇心和为偏远民族提供人种志描绘的愿望来证明他们的田野工作是正当的。到了20世纪50年代,情况不再是这样了,巴特在库尔德斯坦的研究问题既尖锐又雄心勃勃。他希望研究库尔德部落与其文化相似的群体之间社会组织的差异,并最终希望能够解释这种差异的原因。

他早期通过田野调查而来的著作《库尔德斯坦南部的社会组织原则》的开头这样写道:

> 散布在库尔德南部农村的是大量小型紧凑的村庄,它们在物理方面基本相似,但在组成和组织上却高度多样化,从大家庭组织到完全发达的封建组织都存在。[2]

一般来说,一个地区内的文化是统一的,但在社会组织方面却存在很强的多样性。这主要可以解释为,扎格罗斯山基于亲缘关系的自治地方政治组织产生的可能性比美索不达米亚平原地区好很多,因此库尔德人在迁移到洪泛平原时被纳入中央集权政治实体。他们以前是自治的,后来逐渐成为佃农。

---

[1] Fredrik Barth, 'Sixty Years in Anthropology', p.2.
[2] Fredrik Barth, *Principles of Social Organization in Southern Kurdistan* (Oslo: Universitetets Etnografiske Museum, 1953), p.9.

然而,巴特书中的中心问题并不涉及这种变化的起源,而是共同的社会范畴或角色如何在不同的社会形式中发挥作用。这是一个清晰的比较项目,是人类学最接近自然科学的实验方法。某些变量保持不变(在这种情况下是文化和社会角色),而有些变量变化不定,即社会形式,包括等级制度、劳动分工和政治权力。

在不知情的情况下,巴特在他的第一部人类学作品的第一页界定了一个让他后来忙碌了几十年的研究项目,涉及社会形式之间的相互关系、行动的层级与象征意义的关联、在不同的激励和约束制度下行动者有哪些选择,以及他们如何利用机会。巴特经常说他的人类学是以过程为导向的,而不是专注于当地社区的内部逻辑和结构。他更感兴趣的是探索人们在特定情况下做什么以及他们为什么做。约束是存在的,了解它们是必要的,有时人们说社会科学家要么关注森林(结构),要么关注树木(个体)。人们可以争辩说,巴特的方法是在树上寻找森林。

巴特1951年秋天从库尔德斯坦回来时,还不到23岁,但他已经为自己制定了方向,甚至偏离了当时人类学主流的若干惯例。当时,人类学家倾向于研究单一的社会,巴特却在几个村庄做了短期的实地工作,以便识别变迁和进行比较分析。此外,他对个人及其策略感兴趣,这在大西洋两岸都不流行,原因略有不同。

20世纪50年代早期,英国社会人类学以结构功能主义为主导,这是一种由拉德克利夫-布朗在人类学中发展起来的方法(社会学家和其他人都有他们自己的结构功能主义拥护者),并受到伟大的法国社会学家埃米尔·涂尔干(1858—1917年)的启发。这种理论试图表明一个社会的不同部分是如何联系和整合的,一个社会的要素或机构是如何相互加强并有助于维持整个社会系统的。自那以后,结构功能主义因为在社会科学中引入目的论解释而受到了很多批评,有些批评是不公平的。目的论认为,现象的原因会在结果之后出现。拉德克利夫-布朗和他的学生都不曾持有如此明显荒谬的观点,但是他们认为,选择过程发生了作用,有助于维持社会的制度、惯例和习俗会保留下来,而那些功能失调的现象,将会被进行中的社会再生产过程移到一边。

结构功能主义人类学非常重视对规范和规则的研究,筛选、提炼、简化和提纯经验数据,以便最终对社会结构进行抽象、概括的描述。巴特从未被这个理论项目吸引。在《库尔德斯坦南部的社会组织原则》中,他认为社会生活是动态的、即兴的,不仅受社会规范的支配,还受个人决策的支配。几年后,当他转向英国人类学时,他选择了与马林诺夫斯基的学生为伍,而非拉德克利夫-布朗的。尽管在芝加哥大学读书时,他受到了拉德克利夫-布朗思想的影响。

在理论方面,马林诺夫斯基是一个比拉德克利夫-布朗更直截了当的功能主义者。他认为各种社会制度(家庭、经济、政治等)得到了事实的支持,因为它们满足了人类的某种需求,后来很少有人捍卫这一观点。然而,在他的实地调查方法中,马林诺夫斯基希望尽可能贴近个人,以及他们的动机和行动,将对有形社会过程的理解视为人类学工作的一个主要目标。马林诺夫斯基对拉德克利夫-布朗类型的广泛概括和模型构建的普遍怀疑,让年轻的巴特深感赞同。马林诺夫斯基的学生雷蒙德·弗斯在1951年提出了"社会组织"一词,作为对"社会结构"的补充,也许是对"社会结构"的替代,以强调社会生活中动态的、即兴的一面。[①]在《库尔德斯坦南部的社会组织原则》中,巴特已经谈到了组织而不是结构。社会生活已经被他看作是变化的,并且同样受到即兴行为和规则约束的影响。

---

① Raymond Firth, *Elements of Social Organization* (London: Watts, 1951).

观察与探究

在伊拉克库尔德斯坦的实地工作中,巴特收集了广泛的素材,其中包括土壤质量、气候、农业技术以及农民和牧民之间的关系。他研究了不同的婚姻模式,将平行从表婚姻的做法(平行从表婚姻是指一个男性如果条件允许,会选择与他父亲的兄弟的女儿结婚)与无血缘关系的男性之间交换姐妹的情况的基本逻辑进行了比较。在巴特著作的中心分析章节中,他将大型的、以亲属关系为基础的游牧群体扎弗与哈马旺德进行了比较,哈马旺德也是以亲属关系为基础的,但是由定居的农民组成。他将这两者与那些社会组织根本不以亲属关系为基础而是被纳入更大的封建单位的村庄进行了比较。

从山上下来的库尔德人在进入平原时很容易融入更大的政治单位,那里人口密度更高,农业灌溉网络密集。巴特认为,其原因是他们具有政治脆弱性。平行从表婚姻加强了血统体系,但削弱了跨亲属群体建立联盟的能力。在血缘关系是政治忠诚最重要原则的社会中,这种困境是根本性的。今天,这一点在巴勒斯坦和索马里等政治分裂的国家中是显而易见的,更不用说库尔德斯坦本身了。巴特总结道:"没有发展出超血缘的政治权威;除了某种最低限度的贸易,世系群和其他群体之间没有互动。"[1]

《库尔德斯坦南部的社会组织原则》是一部有趣的作品,尤其是因为它预示了巴特日后更为成熟的作品。他对权力和权威,以及宗教和世俗权力之间的关系的兴趣,在这本书里已经很明显了,他还进一步描述了不同宗教力量之间的关系。在库尔德人中,博学的毛拉或哈吉享有很大的正式权力。根据定义,哈吉(去麦加朝圣过的人)等级很高,不可能是佃农或劳工。另一方面,托钵僧等级很低,不可能是封建土地所有者。托钵僧,或者说赛义德,属于神秘的伊斯兰苏菲派传统。

---

[1] Fredrik Barth, *Principles of Social Organization in Southern Kurdistan*, p.139.

托钵僧在社会上没有正式的地位,但凭借其个人品质,仍然可以行使相当大的非正式权力。顺便提一下,《库尔德斯坦南部的社会组织原则》一书中简要讨论的朝觐者和托钵僧之间的区别让人想起了导师(guru)和巫师之间的区别,巴特将在几十年后通过对巴厘岛和新几内亚的知识传播实践进行比较来研究这种区别。①

巴特从库尔德斯坦回来后,申请了挪威的研究经费,以便在伦敦政治经济学院待上一年,他计划在那里写一篇博士论文。他去伦敦政治经济学院主要是受到雷蒙德·弗斯的吸引,那里的由马林诺夫斯基在两次世界大战之间发展起来的社会人类学系是该国最好的人类学系之一,和现由拉德克利夫-布朗以前的学生埃文斯-普里查德当系主任的牛津齐名。

然而,1952年初巴特到达伦敦政治经济学院时,发现弗斯已经去蒂科皮亚做田野调查了。巴特反而认识了当时不为人知但聪明敏锐的埃德蒙·利奇,他将成为巴特灵感的重要来源和多年的辩友。巴特从未隐瞒这个事实:利奇是让他学到最多东西的人类学家。当然,利奇最终会与他这位挪威同事选择不同的路径。

埃德蒙·利奇(1910—1989年)在20世纪30年代开始参加伦敦政治经济学院的马林诺夫斯基研讨会时,已经有了工程学背景。②战争期间,他驻扎在缅甸,并借此机会在克钦人中间进行实地考察。克钦人是该国北部的一个山区民族,最近因鸦片贸易、种族歧视和动乱而受到国际社会的广泛关注。利奇很快变得让人又敬又怕,这既是因为其杰出的才华,也因

---

① Fredrik Barth, 'The Guru and the Conjurer: Transactions in Knowledge and the Shaping of Culture in Southeast Asia and Melanesia', *Man* 25, 4 (1990): 640-653.

② Stanley J. Tambiah, *Edmund Leach: An Anthropological Life* (Cambridge: Cambridge University Press, 2002).

为其傲慢的举止,尤其是他的第一部专著《缅甸高地的政治制度》①——该书对人类学关于亲属关系、政治和神话之间关系的思考产生了持续的影响。它属于少数精品专著,至少在欧洲,每个人类学家都需要熟悉它。

利奇去过库尔德斯坦,了解巴特的项目。就他本人而言,他利用自己在缅甸收集的材料和当时新出版的引起轰动效应的关于亲属关系的法国著作(列维-斯特劳斯的《亲属关系的基本结构》),刚刚完成了一篇文章《母系表亲婚姻的结构含义》。② 他也渴望与来自挪威的天才学生巴特交换材料和想法。

利奇和巴特是奇怪的一对。从20世纪50年代末开始,巴特开始使用博弈论模型来分析个人的最大化策略,而利奇则越来越专注于结构主义,探索将文化世界作为基于有意义对比的符号系统进行研究的可能性。③ 此时他们已经分道扬镳若干年了。不过,在20世纪50年代初,他们在研究方向上十分契合,都致力于发现能够推动动态社会系统变革的机制。利奇对克钦的分析显示了克钦族是如何变成掸族的,也就是如何改变他们的民族身份,以及他们自己的政治制度是如何在平等主义的古姆劳(gumlao)和等级森严的古姆萨(gumsa)之间转换的。巴特对伊拉克北部库尔德人的分析也有类似的目的,即研究变化和变异背后的机制和影响。巴特后来组织了一个关于种族的研讨会,这将成就他最常被引用的文章,利

---

① Edmund R. Leach, *Political Systems of Highland Burma* (London: Athlone, 1954).

② Edmund R. Leach, 'The Structural Implications of Matrilateral Cross-cousin Marriage', *Journal of the Royal Anthropological Institute of Great Britain and Ireland* 81, 1/2 (1951): 23-55.

③ Edmund R. Leach, *Culture And Communication: The Logic By Which Symbols Are Connected* (Cambridge: Cambridge University Press, 1976).

奇对克钦族和掸邦关系的分析研究是其中主要的内容之一。

到目前为止，巴特的好运不断。他在整理库尔德斯坦的材料的过程中，还利用1952年的暑假赴奥斯陆地区东北部瑞典边境附近的索洛进行田野调查。在奥斯陆地区，罗姆人是斯堪的纳维亚半岛上的吉普赛混血儿，人数众多。他骑自行车从一个地方到另一个地方，进行采访和观察，并在这次短暂的实地考察的基础上写了一篇文章《挪威一个流民团体的社会组织》。① 他似乎被对文化差异永不满足的好奇心所驱使，但他也能有效地将自己的见解转化为分析文本。但是夏天结束了，他回到了伦敦，然后在圣诞节前回到了奥斯陆。

巴特于1953年1月在奥斯陆提交了《库尔德斯坦南部的社会组织原则》（简称《原则》）作为博士论文；利奇在第二年出版了自己关于克钦族的书。利奇的《缅甸高地的政治制度》立即成为经典，而巴特的《原则》审核没有通过。

奥斯陆博士委员会的任务是评估和撰写论文报告，该委员会由古托姆·耶辛、霍尔姆和民族学家克努特·科尔斯鲁德组成。最终，语言学家乔治·莫根斯蒂纳也加入了该委员会。巴特后来回忆时怀疑，委员会认为这样一个年轻人居然获得享有盛誉的哲学博士学位（Doctor Philosophiae）是一件丑闻，这与后来引入挪威的博士学位（Ph.D.）不同，前者往往是权威的学者们才能够获得。

他们犹豫了一阵子，最后找到了解决办法：他们咨询了埃文斯-普里查德，问他这篇论文是否会被牛津大学接受。埃文斯-普里查德可以肯定，它不会被牛津接受，因为他们要求至少一年的实地调查。这个"标准"没有得到满足。委员会随后得出结论，既然有人说它在牛津不会通过，如此，奥斯陆也没

---

① Fredrik Barth, 'The Social Organization of a Pariah Group in Norway', *Norveg* 5(1955): 125-144.

有理由接受它。①

有一种和巴特的怀疑一样可信的解释是,委员会缺乏评估他在库尔德斯坦所作的研究的必要能力。委员会成员中没有一个是社会人类学家,他们一定很难评估精心收集的关于亲属关系、婚姻模式和宗族组织的数据和表格。今天,有人可能会反对说这篇论文太短(只有140页)不能作为专著通过,但是在分析的复杂性和数据质量的水平上,毫无疑问,尽管它的田野调查时间较短,但它满足了1953年博士论文的要求。

巴特最终没有出版太多有关他在库尔德斯坦所作的田野调查的内容。除了这本书(出现在人类学博物馆的临时论文系列中)出版得不太顺利之外,大部分资料直到巴特写理论论文《社会组织模型》时才用起来。在该论文中,伊拉克北部库尔德人社会组织的变化成为巴特发展生成模型的一个主要案例。②

在这个特殊的时刻,巴特发现自己处境艰难。巴特在库尔德斯坦时,他的大儿子托马斯·弗雷德里克·韦比·巴特(汤姆)于1951年出生。既然莫莉已经决定了扮演家庭主妇的角色,弗雷德里克就是唯一养家糊口的人,但他没有工作,而且,碰巧的是,他也缺少有可能让他进入学术生涯的学位。诚然,他在人类学博物馆的同僚们距离获得更高的学位也还很远,但从另一方面讲,他们也没有巴特的雄心壮志,和他肩负的家庭责任。

最后,是乔治·莫根斯蒂纳救了巴特。巴特博士论文遭到的有争议的拒绝,可能是他良心不安的原因之一。但不管

---

① Hviding, *Barth om Barth*.
② Fredrik Barth, *Models of Social Organization*, Royal Anthropological Institute Occasional Paper 23 (London: Royal Anthropological Institute, 1966).

怎样，莫根斯蒂纳还是帮助巴特获得了一份为期五年的大学奖学金，从 1954 年一直到 1958 年。巴特非常有效地利用了这几年。他知道，如果浏览一下当时世界的人类学地图，就会发现从库尔德斯坦到印度西北部有一大片地区，这是社会人类学几乎未探索过的区域。而当时，社会人类学已经主要将北美、太平洋和非洲作为其研究的核心区域。巴特决定去巴基斯坦西北部的普什图语区进行研究。

权利和荣耀

　　巴基斯坦的开伯尔-普赫图赫瓦省，以前被称为西北省，这里偶尔会出现一些国际新闻，表明这个多山的偏远地区即使在今天也只是部分在国家的控制之下。该地区位于阿富汗和克什米尔之间，从文化角度来看，说普什图语的斯瓦特人、帕坦人或巴基斯坦人与许多阿富汗人的共同点要多于与大多数巴基斯坦人的。普什图语属于印欧语系的另一个分支，不同于巴基斯坦最大的语言社群旁遮普语和信德语。大多数塔利班领导人都讲普什图语。

　　尽管巴基斯坦于1947年独立，但直到1969年，西北地区才正式并入该国。几个世纪以来，它一直在一个独立的君主国家、一个由无国籍地区组成的集合体以及两者的混合体之间摇摆。然而，正式融入国家并没有抑制当地对自由的热情，也没有抑制他们对遥远的中央集权的怀疑。美国和巴基斯坦军队都没有成功实现对该地区的长期控制。

在这个地区，巴特看到了在一个政治复杂且非现代国家的社会中探索政治进程的机会。普什图人有大规模的灌溉农场，他们住在大的村庄和城镇，拥有包括封建关系和多种专业在内的复杂劳动分工。他们是伊斯兰教的信徒，并维持着一个为应对当地形势发展和区域挑战而持续发展起来的政治组织。

乔治·冯·蒙特·阿芙·莫根斯蒂纳（1892—1978年）是一位具有国际声望的语言学家，他在第一次世界大战后不久就开始了他的实地研究，他的主要领域是印度-伊朗语言。莫根斯蒂纳被认为是西方世界研究普什图语的主要权威。巴特在1954年获得奖学金时，开始和莫根斯蒂纳一起学习普什图语，据说莫根斯蒂纳很高兴终于有了一个学生。很明显，他已经有好几年没招到学生了。最终，授课在莫根斯蒂纳的家里进行，尽管只有一名学生在场，但教授的讲课就像是在礼堂演讲一样。当巴特精通普什图语后，他去了巴基斯坦。布拉森先生为他飞往卡拉奇的机票再次打了五折。

就像今天的情况一样，在申请过程中，如果本人不在场，实际上是不可能获得研究许可证的。在地方行政办公室汇报情况，毫无怨言地在走廊里等几个小时以示尊重，或者从遥远的欧洲祖国带一份象征性的小礼物相赠，这些都是促进这一过程顺利进行的典型行为。然而，事实证明，要获得在新近独立的巴基斯坦甚至都没有政治控制权的地区生活和进行研究的许可，比其他地区要复杂得多。最终，巴基斯坦当局同意，巴特可以进入斯瓦特这个被无国籍地区包围的小王国。只要瓦利（统治者）同意，巴特就可以在那里做他的研究。

瓦利接受了巴特在他的领域活动，并允许他可以自由地进行研究，不仅是在斯瓦特山谷，在周边地区也是如此，这些地区不需要进入巴基斯坦本土就可以到达。

斯瓦特河谷以壮丽的自然美景而闻名,有时也被称为是巴基斯坦的瑞士。在苍翠的群山和皑皑的雪峰之间,斯瓦特河在土质肥沃的河谷里静静流淌。河谷海拔在 1,000 到 1,500 米之间,绝佳的气候非常适合发展农业。在西方人受到安全威胁前,河谷是户外探险者喜欢的旅行目的地。1954 年,斯瓦特河谷地区的人口约四十万(6 年之后,人口增长了两倍)。1954 年严冬(原文为 1955 年,但根据上下文,这里应为 1954 年——译注),巴特到了这里,接受瓦利的管理。许多人认为他在斯瓦特最重要的实地考察工作一直持续到 1955 年 11 月。正是在这里所收集到的数据,不仅让他获得了剑桥大学的博

1954 年巴特和卡什马利在斯瓦特
(照片经弗雷德里克·巴特和尤妮·维肯许可使用)

士学位,出版了第一本专著,他还据此写了他最重要的两篇论文,15年之后,在他具有开创性的论文集《族群和边界》当中也引用了这些数据资料。① 1961年、1964年、1974年和1977年,他再次短暂访问了斯瓦特河谷。

到达斯瓦特河谷之后,巴特和瓦利创办的一所小学院建立了联系,这是任何一个人类学家的第一反应。当到达所要调查的地方后,在不认识任何人的情况下,你会本能地和你所熟知的一切建立联系。这样一来,他马上就结识了奥朗泽布·汗,他不仅是学校的历史老师,也是斯瓦特河谷最有权势的酋长之一。巴特是这样描述的:

> 奥朗泽布·汗最近娶了一位年轻漂亮的妻子,因此家里产生了矛盾——老保镖兼仆人卡什马利忠心耿耿地支持奥朗泽布·汗的第一任妻子。因此,奥朗泽布·汗不方便把卡什马利带在身边。从小到大,他们两人一直是主仆关系,所以关系一直很亲密,但是现在看来,这种关系变得很不舒服,而且似乎很难维持下去。所以奥朗泽布·汗想以此来解决这个难题。他告诉我说:"你看,我有一个非常信赖的人,我的仆人卡什马利。在这里你可以使唤他。那样的话我会感到很荣幸!"②

在巴特整个田野调查的过程中,卡什马利都是关键的调查对象和调查活动组织者。作为主要酋长的仆人,他熟悉当

---

① Fredrik Barth. 'Ecological Relationships of Ethnic Groups in Swat, North Pakistan', *American Anthropologist* 58, 6 (1956): 1079-1089; Barth, 'Segmentary Opposition and the Theory of Games: A Study of Pathan Organization'. *Journal of the Royal Anthropological Institute of Great Britain and Ireland* 89, 1 (1959): 5-21; Barth (ed.), *Ethnic Groups and Boundaries* (Bergen/Boston: Universitetsforlaget/Little Brown, 1969).

② Hviding, *Barth om Barth*.

地的种姓制度和精英群体之间的社会关系,对当下的矛盾冲突和流言蜚语也了解得很多。作为巴特最信赖的男仆,整个田野调查期间,他一直陪在这位人类学家左右。在《斯瓦特河谷帕坦人的政治领导》一书的前言部分,卡什马利的努力得到了应有的致谢:

> 我要特别提到我的仆人卡什马利。为了捍卫他自己和主人的威望,他小心翼翼地教我礼仪,解释我遇到的人之间错综复杂的友谊和敌意,从而为我与他人的成功接触和我对这个领域的了解作出了巨大贡献。①

卡什马利在巴特的回顾性文本中占有显著地位,这部分内容大部分是巴特晚年用挪威语写的,但是在斯瓦特山谷的民族志和分析中却没有他,尽管在描述的大多数情况下他都一定在场。那时,人类学家很少会描述他们所收集数据的更全面的背景。当地的仆人和翻译在脚注里都不会被提到,但是人类学家自己也倾向于隐于文本背后。毕竟,那是在20世纪50年代中期,一个上流社会的年轻人很少不系领带和带公文包出现在公众面前的时代(除非他们是实地考察的人类学家),那时礼仪占主导地位,女人们穿着高跟鞋,戴着夸张的帽子。直到20世纪60年代后期女权主义和学生激进主义的突破,"反身性"和"主体地位"等概念才进入方法论词汇。由于女权主义者和后来的后殖民人类学家的努力,以前被视为不适当不谦虚和不相关的闲聊,即把研究者描绘成田野中的积极参与者的人类学分析,变成了一种美德,对某些人来说,成为一种必要。然而,在20世纪50年代,不带偏见、中立的科学视角才是声望和信誉的保证。

---

① Fredrik Barth, *Political Leadership among Swat Pathans*(London: Athlone, 1959), p.v.

提出关于无国家社会中权力和权威的问题,对在巴特业已归属的英国社会人类学中并不新奇。恰恰相反,这是当时最重要的问题之一,尤其是在牛津。问题是显而易见的:是什么机制或原则使社会能够在没有中央权威、暴力垄断、警察、法院和监狱的情况下,保持相对稳定、一致与和平?为什么在这么多的社会里,总的情况并非霍布斯式的,所有人反对所有人的战争,而是相对稳定与和平的生活?

在颇具影响力的《非洲政治制度》的导言中,埃文斯-普里查德和迈耶·福蒂斯给出了一个简短的答案。[1] 他们认为,非洲有三种主要的政治制度:完全基于血缘关系的部落(典型例子是非洲南部的布希曼人)、传统国家(如英属东非的卢甘达王国,现在的乌干达)和最常见的形式——裂变世系群社会。从等级制度的角度来看,这种社会可能是分层的,宗族和血统是有等级的,但在日常生活中,它们以平等的方式运作,因此每个人在结构上都可以与他们这一代或这一年龄组的任何其他人相媲美。这些群体根据情况扩张和收缩。埃文斯-普里查德在他的专著《努尔人》中清晰地描述了裂变式社会的政治逻辑。如果冲突很小,例如,关于遗产的分割,那就只有兄弟或堂兄弟姐妹会相互冲突。在涉及更多人的冲突中,例如偷牛、谋杀或关于放牧或水权的争端,那么双方都会集结盟友。在这种情况下,可能由十几个战士或更多人组成的整个世系群,会联合起来与对立的世系群对抗。埃文斯-普里查德及其他许多学者描述的基本逻辑可以这样总结:我对抗我的兄弟,我的兄弟和我对抗我们的表兄弟;我的兄弟、我们的表兄弟和我对抗我们更遥远的父系亲戚,以此类推。[2]

---

[1] Meyer Fortes and E. E. Evans-Pritchard (eds), *African Political Systems* (London: Oxford University Press, 1940).

[2] E.E. Evans-Pritchard, *The Nuer* (Oxford: Clarendon Press, 1940).

裂变式体系是灵活的,因为操作组可以根据需要进行扩展和收缩。与此同时,它们很脆弱,因为它们无法维持长期的稳定。希望获得整个地区主权的外来者,很容易利用分而治之的逻辑来管理裂变式体系内的联盟。在非洲帝国主义时代,这种策略并不罕见,尤其是英国人分而治之的做法最为臭名昭著。但是在后殖民社会中,部落联盟的脆弱性与过去相比有过之而无不及。南苏丹这个新的国家就是一个明显的例子,努尔人和他们的宿敌丁卡人一样,都是占主导地位的群体之一。虽然他们仍在与共同的敌人——苏丹北部讲阿拉伯语的穆斯林——作战,但他们通常会通过不稳定的休战来达成一致,但在2011年独立后,两边分歧成倍增加并加深。1989年苏联撤离后阿富汗也出现了类似的情况。巴特在1954年雨季前抵达这一文化区域。

巴特曾读过埃文斯-普里查德和福蒂斯的著作,积极参与探讨世系群理论和牛津人类学家的裂变式模型。与此同时,他被一门社会科学所吸引,这门科学的主要目标不是解释社会是如何运作的,而是解释是什么促使人们做他们所做的事情。在近来社会人类学理论的前辈中,相较埃米尔·涂尔干,他与马克斯·韦伯亲近得多。韦伯发展了行动理论,而涂尔干更感兴趣的是社会整合,而不是个体能动性。

如前所述,斯瓦特是一个相当复杂的社会,它具有封建主义和初级国家形式;它比埃文斯-普里查德笔下的努尔人存在更多的分层和不平等。但是,对争取民众支持、争夺土地资源的土地所有者们来说,裂变式逻辑显然是适用的。说印欧语的穆斯林居住在这个山谷里大约有一千年,但是集约灌溉农业要追溯到更远的时代。帕坦人是一个边境民族,他们定居在一个很难从外部控制的地区,周围是高山和狭窄的通道,以及许多适于伏击的地方。简而言之,这是游击队抵抗占人数优势的国家政权的绝佳地点。

游牧的人类学家：巴特的人类学旅途

　　然而，山谷本身在地形上很简单，易于鸟瞰。它位于连接中国、伊朗和印度的中央贸易路线之外（著名的开伯尔山口在更北的地方），与外界的联系十分有限。茶实际上是在巴特进行实地调查的 30—40 年前才引入斯瓦特河谷地区的。自 16 世纪以来，优素福扎伊家族在政治上占据主导地位，他们管理着一个高效的封建农业社会，主要种植谷物，但他们也饲养牲畜，并种植一些水稻。正如巴特所说，"根据魏特夫的说法，这里没有国家控制，但它确实有相当大规模和集约程度的灌溉农业"。① 卡尔·魏特夫关于治水专制主义的理论，描述了以江河、运河灌溉为基础的社会，在那里，那些控制河流上游的人有效地控制了其他人，因为他们可以随时关闸断水。②

　　斯瓦特处于中间状态。该系统为雄心勃勃的人提供了改善他们命运的良好机会，但这必然是以他人为代价的，因为几乎所有的可耕地都已经被耕种，除了农业，没有人考虑过将土地用于其他任何用途。实际工作自然是由贫穷的佃农和劳工来完成的，实际拥有土地的种姓只占少数，可能只有 1%。佃农可以保有未灌溉土地上 40% 的收成，但在灌溉的土地上则只有 20%，换句话说，土地所有者不仅要收土地租金，还要收取从兴都库什山流出的河水的租金。尽管斯瓦特位于印度文化区的最西北边缘，但种姓制度仍在此运作，并控制着劳动分工和资源获取。

　　和许多传统社会一样，在斯瓦特土地不能买卖。它只能通过继承或征服来流转，土地的所有者也有可能会把土地送给圣者。为了获得和保留政治权力，土地所有者必须确保他们的佃农感到满意。否则，他们就有可能失去佃农的支持，反

---

① Hviding, *Barth om Barth*.
② Karl Wittfogel, *Oriental Despotism: A Comparative Study of Total Power* (New Haven: Yale University Press, 1959).

而助长竞争对手的气焰。出于这个原因,东家慷慨好客是很重要的。地主家男人的居所是工人们闲暇时聚会的地方,他们期望他们的东家提供食物和饮料。如果作为东家没有履行在这方面的义务,就有可能失去佃农的忠诚。如果他们开始频繁光顾另一个东家的房子,他们可能会声称是在为对方工作,而不是为你工作,而这位地主最终会得到佃农生产的剩余产品。

　　从更高的角度来看,斯瓦特河谷地区的政治似乎相对稳定。一个结构功能主义人类学家不需要太多的努力,就能够描述"政治体系"和有助于其再生产的机制,无需过多关注个体行动者。这是一个具有横向联盟结构和纵向庇护-依附关系的细分系统,这与埃文斯-普里查德描述的努尔人和福蒂斯研究的加纳塔伦西人有很多共同之处。尽管如此,还是有一个重要的区别:斯瓦特地区的联盟是由一些可能本质上相互冲突的动机支配的。我已经提到,依附者和佃农可以根据策略需要改变他们的忠诚。如果他们的雇主不照顾他们在男人住所(men's house)里的需要,他们可能会转而依附另一位地主。此外,没有一套明确的规则来管理土地所有者之间的联盟。事实上,巴特很快就发现,远亲会结盟对抗他们的近亲。很少参与公开冲突的兄弟们是个例外。

　　这种解释和对平行从表婚姻功能的解释一样简单和合乎逻辑。如果我和我的兄弟都有一个儿子和一个女儿,并确保他们结婚,我们就避免了家庭财产的分割。帕坦人实行兄弟对等,这意味着所有的儿子平等继承。当涉及通过继承或征服获得土地的竞争时,土地的所有者关系越密切,这些土地通常就越靠近。我的田地通常会与我兄弟和堂兄妹的田地相邻。如果我,作为一个好的、雄心勃勃的帕坦酋长,想要扩展我的财产,我的目光首先会被最近的田野吸引。我宁愿把我的土地的界桩向外移动几百码,也不愿为不相邻的偏远田地

37

负责。这就是为什么我会倾向于在我的远亲甚至没有任何关系的人当中寻找盟友。他们也会发现自己处于类似的境地,因此我们互相帮助,吸引尽可能多的佃农,打赢我们的男系近亲。

在这样一个系统中,无法准确预测特定个体在特定情况下会如何行动。人们在明确的激励和约束机制下做出战略决策,但他们做出的决策却是不可预测的,因为这些决定取决于一种复杂的权衡行为,在这种行为中,任何行动的不同后果都会相互制衡。巴特在他关于斯瓦特的专著中回顾了芝加哥人类学家拉尔夫·林顿对先赋(ascribed)地位和后致(achieved)地位的区分,结论是"父系血统是界定地位或权利归属的唯一原则",[1]也就是说,你父亲一方的亲属关系决定了你在种姓等级中的地位,也为你的职业生活提供了明确的指引。但其他一切都是通过个人之间的契约协议或公开冲突来定义的。这意味着有一个相当大的开放空间,允许个人进行策略思考、操纵、秘密联盟和利益最大化。虽然平行从表婚姻是为了减少表亲之间的潜在冲突,但实际上并不总是这样。即使我应该娶我叔叔伯伯的女儿,她是我表兄弟的姐妹,但如果可以指望的收益足够诱人的话,我与我表哥陷入一场旷日持久的激烈冲突也并非不可想象。

巴特对这种困境非常感兴趣,策略选择产生的政治动态将成为他的专著以及斯瓦特研究中的几篇文章的中心主题。然而,他也探索了另外两个主题,即生态学和不同政治领导形式之间的关系。事实上,他最初的计划是回国后在剑桥撰写的博士论文中专注后一个主题。

巴特的斯瓦特田野调查的一个局限,是他无法起用女性担任调查合作人。帕坦人实行严格的性别隔离,作为一个不

---

[1] Fredrik Barth, *Political Leadership among Swat Pathans*, p.23.

相关的男人,巴特不可能接近当地女性。许多年后,当他写瓦利传记时,这位王子有些恼怒地说,虽然他是整个山谷的统治者,但他必须出国才能和妻子共进午餐。① 马拉拉·优素福扎伊,现在是世界著名的诺贝尔和平奖获得者,2012年秋天她因争取女孩受教育权而被一名激进穆斯林枪杀未遂。正如其名字所暗示的那样,她属于政治上占主导地位的优素福扎伊部落,住在斯瓦特河谷最大的城镇明戈拉。不论是过去还是现在,两性平等均未被广泛视为该地区共同文化的一部分。

多年来,宗教清教主义在斯瓦特获得了大力支持,阿富汗塔利班也很受欢迎。它代表了一种不同于地主的领导方式,这在20世纪50年代已是声名显赫、颇具影响力。圣者,也就是血统神圣的人,通常拥有一些土地,但只有少数人是大土地所有者。他们的权力和影响力来源于其他地方,也就是说,他们有特权接触到神圣的事物,并被认为具有卓越的判断力。正如巴特对圣徒的描述,他们似乎更像印度的圣者,而不是其他地方的穆斯林领袖:"真正'圣洁'的行为意味着适度、虔诚、对身体愉悦的漠不关心,以及回避日常生活中琐碎和肮脏的方面;还意味着拥有智慧、知识和对神秘力量的控制。"② 从文化上讲,斯瓦特河谷仍应被视为印度次大陆的一部分,尽管它已经穆斯林化一千年了。

巴特的专著详细论述了圣者和土地所有者之间的关系。他们代表着不同形式的权力,但可以从结盟中受益。圣者需要军事保护来维持他在一个地区的影响力,而土地所有者在冲突局势中需要中间人时,要依赖圣者的声望。

---

① Fredrik Barth with Miangual Jahanzeb, *The Last Wali of Swat: An Autobiography as told to Fredrik Barth* (Oslo: Universitetsforlaget, 1985).
② Fredrik Barth, *Political Leadership among Swat Pathans*, p.101.

另一个次主题是关于生态和族群的,投入不大,收获颇丰(一个有战略头脑的帕坦人会说这样的话)。在野外待了几个月之后,巴特稍作休息。当时正值盛夏,河谷正在升温。山上较高处更凉爽的空气颇具诱惑力,巴特一直喜欢散步——事实上,他更喜欢的田野调查方式,是边聊天边和调查合作人散步。然而,这些山区在瓦利的管辖范围之外,部分是未经探索的,对游客来说可能是危险的。如果斯瓦特河谷自称是大英帝国和印度次大陆的一潭死水,后来又成为巴基斯坦的一个偏远和难以接近的地区,那么北部的山脉就显得荒凉和无序,甚至对帕坦人来说也是如此。按照计划,巴特将会是参观本地区的第一位欧洲人——他确定要走一条不同于英国土地测量员奥莱尔·斯坦因的路线,斯坦因以前也曾穿越过同一座山脉。

从斯瓦特河谷出发,向北步行仅几天即可进入山区,这让巴特穿越了南亚次大陆和中亚之间的文化边界。有趣的是,这个边界大致对应一个地质边界,因为欧亚大陆板块恰好在兴都库什山与印度板块相遇。山区人民说不同的语言,既不尊重圣者也不尊重种姓。他们没有封建组织,而是喜好游牧,在许多方面,他们与乌兹别克人和塔吉克人的文化联系比与帕坦人更紧密。巴特对这些普遍的差异并不感兴趣,因为他已放弃了文化史和文明分析,转而详细研究具体的社会过程。他对文化区域之间的边界地区着迷不已,尤其是科希斯坦人和古贾尔人相互之间以及与帕坦人共享一个重叠的空间的生态适应性。

离开斯瓦特之前,巴特为旅行买了食物,因为山里没有商品经济。他还需要带几个武装护卫保护食物。此外,卡什马利自然一路相随。起初,他安排了一个赶毛驴的来运送食物,但仅仅一个小时后,这个人——他已经得到了预付款——抗议说毛驴无法走这条路线。

权利和荣耀

> 所以我不得不拔出枪来拿回我的钱——我手足无措，怒发冲冠，那个人说他不能也不愿意还我的钱，所以——嗯，我记起我看过的西方电影——你知道，如果你没有实现到你的意愿，你就得那样做。就这样我把钱拿回来了。①

由于这个小插曲，巴特只得重新开始，这次是和驮夫一起。他对驮夫和食物的思考简明扼要地体现了巴特对过程的关注，这将成为他后来研究的一个标志。问题很简单。他们在旅途中要吃的所有食物都必须从斯瓦特运出，因为在旅途中没有什么可买的。由于驮夫自己也要吃他们带的食物，所以你需要更多的驮夫，带更多的食物。到目前为止，一切顺利。然而，当他们到达山谷的尽头时，巴特意识到他必须购买额外的供应品，但这意味着他必须再雇用一个驮夫。结果，他带着六个驮夫离开了山谷。如果驮夫不用吃饭，三个就足够了。另一方面，如果一个驮夫只能背负和他自己吃得一样多的食物，那么把驮夫带来就太愚蠢了。随着旅程的展开，事实证明巴特的计算是准确的。

> 令我非常高兴和自豪的是，当我们在科希斯坦的另一端再次出现时，我只剩下一个人了；我在路上"吃掉"了另外五个人，然后把他们打发回家。②

这群人除了驮夫之外还有四名武装人员——巴特有他的手枪，卡什马利有一支老式的大口径短枪——他们看起来一定像一支小军队，对潜伏在山边的科希斯坦强盗来说，他们太过吓人，不会被当作值得攻击的目标。否则，他们很可能被袭击和杀害。巴特遇到的一个科希斯坦人欣然承认，他们的一

---

① Hviding, *Barth om Barth*.
② Ibid.

个重要收入来源就是抢劫商队和商人。用当时社会人类学中常用的术语可以这样形容,这个地区是无政府("没有统治者")或无首领("没有领导人物")的。

普什图语是印度-伊朗语,科希斯坦人说达尔德语,而第三大群体古贾尔人说古贾里语,这是一种与拉贾斯坦邦人有关的印欧语。卡什马利不懂他们的任何一种语言,但是巴特也带来了一个圣者的儿子奥朗·泽布-米安,他会说一种科希斯坦语。此外,科希斯坦人通常也会说普什图语,所以和他们交流是完全可行的。在这次探险中,巴特收集了他所说的"三到四种语言",作为送给莫根斯蒂纳教授的礼物。他还开发了一个分析模型,这将激发人们对生态人类学的新兴趣,研究帕坦人、科希斯坦人和古贾尔人之间的关系。

《巴基斯坦北部斯瓦特河谷少数民族的生态关系》用了四周时间写成,并于1956年发表在权威期刊《美国人类学家》上,这是巴特在剑桥进行论文答辩的前一年。从文体上来说,这篇文章是清晰的,几乎是干巴巴的。它简洁、严谨,在当时,它代表了将生态位概念与分析离散族群之间关系联系起来的早期尝试。巴特在斯瓦特河谷上方的高山和丘陵上观察到的,事实上是群体之间基于生态的劳动分工,每个群体都根据生态条件发展出自己的政治组织和适宜经济形式。由于族群身份与政治结构和生计相关联,在跨越生态边界的同时不改变族群身份是不可能的。因此,科希斯坦人和古贾尔人可以生活在几乎完全相互隔离的环境中,尽管他们之间的实际距离很短。

对于第三类人,即帕坦人来说,保持其族群身份的一个决定性因素是能够一年种两茬庄稼。只有少数几个孤立群体的普什图人生活在这种生态线之上,即便是由土地所有者、租户和相当复杂的劳动分工构成的简化版帕坦政治组织,也需要每年有两季收获。科希斯坦人虽然也种庄稼,但畜牧业对他们同样重要,而且和其他许多边缘地区的农民一样(巴特想到了自己曾经与之共度一夏的挪威边境地区的农民),他们适应过季节性游牧(半游牧)的生活,一年两次带着他们的畜群在夏季牧场和冬季牧场之间轮牧。

古贾尔族有些许不同。他们比其他族群更灵活,并且经常与帕坦人联系。像科希斯坦人一样,古贾尔人将畜牧业和少量农业结合在一起,但是一些古贾尔人已经完全成为游牧民族,放弃了农业和永久定居点,就像一些更北的中亚民族一样。一方面,正如巴特所注意到的,古贾尔人和帕坦人之间的关系是互补且融洽的。另一方面,古贾尔人似乎与科希斯坦人争夺同样的生存环境。事实上,这些民族之间没有发生明显冲突或同化,这似乎是由于古贾尔人避开了科希斯坦东部相对低洼的地区。他们可以开发帕坦人定居点上方的边缘土地,而定居的帕坦人无法自己使用这些土地,而且由于其灵活性和流动性,古贾尔人也能够在寒冷的科希斯坦西部高山中生存,那里对科希斯坦人同样没有吸引力。

这篇文章基于巴特在斯瓦特北部山区几周的徒步旅行,是公认具有创新意义的作品。颇具影响力的美国人类学家阿尔弗雷德·克罗伯以前写过关于文化领域和生态的文章,尤其是关于北美;新进化论者朱利安·斯图尔德研究了内华达州沙漠肖松尼印第安人的生态适应性。但是,正如巴特所指出的,斯图尔德的分析缺乏"理论丰富性"。就巴特而言,他在文章的结尾提出了一些关于族群、生态位和权力的一般性观点。今天,这些观点可能看起来不言自明,甚至陈腐。例如,很明显,"如果不同的种族群体能够充分利用同一个生态位,军事强国通常会取代弱国,就像帕坦人取代了科希斯坦人"。[1]然而,这篇文章在两个方面很重要。首先,巴特从生物学中引

---

[1] Fredrik Barth, 'Ecological Relationships', p.1089.

入了生态位概念,通过岳父沃德·克莱德·阿利,他可能已经熟悉了这个概念,并以此来描述同一地区不同民族之间的竞争和互补。其次,他强调了在社会科学分析中纳入自然因素而不屈服于还原论诱惑的重要性,即仅仅通过生物或生态因素解释复杂的文化和社会现象。种姓、语言、技术、宗教和历史都在必要时被他考虑在内。这篇文章材料复杂,分析简单,没有偷工减料。这份早期的文件既简洁又复杂,至今仍然是一件令人印象深刻的作品。这让我想起巴特多年前向我描述的一个配方,关于如何着手写一篇科学文章,这不仅止于一个玩笑。他表示这是他父亲说的。他说,一篇文章应该像狐狸一样,开头有一个尖鼻子,也就是一个探索性的问题,中间还有一些东西,但重要的是,最后,它必须有一条令人印象深刻的尾巴,它应该以繁荣告终。换句话说,一篇好文章应该打开而不是关闭这个领域。此外,应该补充的是,巴特在 20 世纪 50 年代和 60 年代的文章几乎简洁到了极点,没有闲聊或多余的离题内容,几乎像海明威的短篇小说一样,凝练而有力。①

巴特在斯瓦特山谷的田野调查无疑是他接下来职业生涯中最重要的一段。这比他的库尔德田野调查更彻底,并带来了更多的出版物,而且这些调查是用当地语言进行的。这项工作向巴特自己和其他人展示,他有能力处理来自复杂社会的数据,同时不会忽略个人、个人策略和微观层面上正在进行的过程。即使在今天,关于斯瓦特河谷的出版物仍然给人以挑战和启发。巴特的理论兴趣在很大程度上是由他在斯瓦特目睹的政治博弈塑造的,直到 20 世纪 70 年代,也许更久。在河谷地区,他进入了一个世界,在这个世界里,狡猾和不太狡

---

① 在评价本书挪威语初稿时,巴特建议我删除一些趣闻轶事和背景描述,这些内容为叙述增添了一些趣味和细节。在他看来,这些内容是多余且偏题的,会分散读者的注意力。

猾的战略家之间正在进行的权力游戏,是控制这里社会生活许多方面的引擎,这个世界是追求利益最大化的活动者的世界,他们天生具有阿尔法男性的倾向,并且非常害怕失去面子和荣誉。巴特后期作品的读者也遇到过类似的人物,当然是在20世纪60年代。我们稍后必须回答的问题是,斯瓦特河谷的这个视角和那里上演的人类戏剧是否主要反映了人类的状况,还是反映了斯瓦特的重要问题,或者是说明了《政治领导》的作者的问题。正如我所提到的那样,在人类学领域,对河谷政治的其他分析也会被认为是可信的。它们可能没有导致学科的争论和变化,但是它们可能更让埃文斯-普里查德和英国社会人类学的老一辈高兴。

1954年11月,巴特离开斯瓦特河谷。作为一名高效而且目标明确的田野工作者,他总是倾向于不在实地停留超过他认为必要的时长。然而,这个地方、这里的环境和他研究过的主题会跟随他很多年,甚至在他的整个职业生涯中不时地萦绕着他。他的最后一本书《阿富汗和塔利班》,尚未以英文出版。[①]驱使他撰写本书的部分原因,是他在波士顿作为一名教授生活和工作时见证了人们对阿富汗情况的极大无知。但从分析的角度来看,这本书在很大程度上是基于他在此次实地考察中,以及20世纪60年代和70年代的短暂访问中,对普什图语使用者(阿富汗最大的语言群体)的政治动态和忠诚形式的洞察。

离开斯瓦特后,巴特回到奥斯陆的家中。他的儿子汤姆三岁了,他现在又有了一个小女儿塔尼娅。巴特在奥斯陆度过冬天和1955年春天的一部分时间,之后带着家人去了剑桥,已经是讲师的利奇在剑桥成了他的论文导师。在奥斯陆,他恢复了与人类学博物馆"阁楼小组"的联系。除了这个小组之

---

① Fredrik Barth, *Afghanistan og Taliban* (Oslo: Pax, 2008).

外,挪威没有任何社会人类学的研究力量,自从他上次访问以来,这个小组略有扩大。

博物馆里的人类学学生主要是男性,他们敏锐地意识到这样一个事实,即他们将被迫创建新的社会人类学学科,与古托姆·耶辛所代表的理论背道而驰。艾克塞尔·索默费尔特尤其熟悉英国当时的学术研究,他正在对福蒂斯关于加纳塔伦西人的亲属关系和政治的研究进行批判性的再分析。索默费尔特在1958年的"magister"论文[1]中还引入了一系列新的挪威语术语,如必不可少的单词 attelinje(世系)。与此同时,巴特为扬·佩特·布隆和海宁·西弗特斯的论文提出了关键的建议,而哈拉尔·埃德海姆后来成为民族理论发展的关键人物,也接受了巴特对其关于萨米人的材料的指导。不管愿不愿意,巴特很快成为博物馆这个非正式团体的领导人物。

20世纪50年代,随着时间的推移,新成员来到了博物馆。阿恩·马丁·克劳森后来成为人类学在挪威普及的重要人物,并为该国的中学编写了第一本社会人类学教科书。[2] 克劳森还与约翰·加尔东建立了联系——约翰·加尔东是另一位比巴特小几岁的早熟学者,草创了挪威发展援助领域。克劳森的主要科学工作是分析挪威在印度喀拉拉邦的早期发展项目,该项目没有充分考虑到当地的社会关系和文化价值。[3] 因此,克劳森在挪威社会人类学中开创了一种至今仍有影响的传统,即针对发展援助的批评视角(逐渐越来越多地针对发展

---

[1] 现已废止的"magister"学位相当于博士学位(Ph.D.),当时的挪威博士学位(doctor philosophiae)更接近于法国的国家博士学位(doctorat d'état),通常由已在大学任职的学者在职业生涯中提交申请。

[2] Arne Martin Klausen, *Kultur-variasjon og sammenheng* ['Culture-variations and connections'] (Oslo: Gyldendal, 1970).

[3] Arne Martin Klausen, *Kerala Fisherman and the Indo-Norwegian Pilot Project* (Oslo: Universitetsforlaget, 1968).

概念本身)。

对精力充沛、雄心勃勃的巴特来说,博物馆似乎有些沉闷和懒散。毕竟,这是一座博物馆,历史在这里以谨慎的步伐前进。有一段时间,布隆上演了一个自贬的小品,意在说明弗雷德里克不在的时候,博物馆是一个多么安静的地方。

> 有一次,当我回到博物馆时,他[布隆]把所有人都安排在房间里,他们知道我在路上,所以他们准备好了,当我走进房间时,他们静静地站了一会儿,然后,他们突然都开始四处走动,跟我说话。①

春天,巴特去了剑桥,主要是为了和利奇一起工作。事实是,尽管剑桥大学——不管当时还是现在——是世界上最好的大学之一,但与牛津大学和伦敦政治经济学院的创新研究环境相比,它的社会人类学系多年来一直相对边缘化。② 对它在两次世界大战之间和第二次世界大战期间边缘化的最简单解释是,该系过早地取得了成功,这既是福也是祸。1898—1899年的托雷斯海峡探险队是英国田野人类学的早期尝试,由剑桥大学组织。此外,詹姆斯·弗雷泽爵士(1854—1941年)是开创性著作《金枝》(1890—1915年间出版了一系列修订版和大幅扩充版)的作者,③他与剑桥终生都保持联系,尽管他从未在剑桥任职。弗雷泽在第二次世界大战前的几十年里对文化差异的观念产生了重大影响,尤其是在英国,而且不仅仅是在人类学领域。路德维希·维特根斯坦和艾略特都受到弗雷泽对神话和仪式的分析的启发,弗洛伊德在他自己晚期关于禁

---

① Hviding, *Barth om Barth*.
② Adam Kuper, *Anthropology and Anthropologists: The Modern British School*, 3rd edn. (London: Routledge, 1996), p.121.
③ James Frazer, *The Golden Bough: A Study in Magic and Religion*, abr. edn. (New York: Touchstone, 1995[1922]).

忌的著作中援引了弗雷泽的图腾崇拜和异族通婚的相关论述,①但是弗雷泽对他自己学科的影响是短暂的。当拉德克利夫-布朗和马林诺夫斯基在1922年出版了他们各自关于安达曼岛民和特罗布里恩德人的专著时,人们很快意识到,这一学科已经转向了新的方向,弗雷泽的主要作品将被重新定位为已消亡的维多利亚时代人类学的雄伟的方尖碑。

精简且精练的学科首先在牛津和伦敦政治经济学院通过埃文斯-普里查德、福蒂斯、弗斯和艾萨克·夏帕拉等人制度化。在剑桥,这一革新必须要等到1950年福蒂斯应邀担任系主任才得以实现。巴特1955年到达剑桥时,利奇和杰克·古迪也在,这两位年轻的人类学家将在未来几十年里以截然不同的方式对这一学科产生重大影响。巴特加入的博士生团队包括努尔·约尔曼,他曾在斯里兰卡做过研究,后来成为哈佛大学的教授;另一位是让·拉方丹,她曾在乌干达进行实地考察,后来因在英国宗教派别中儿童遭受性虐待方面的研究工作而更加出名。巴特在剑桥最亲密的朋友是加拿大人比尔·邓宁,他写了关于加拿大奥吉布瓦人的论文。回顾过去,巴特说这个由几名博士生组成的研究环境"令人难以置信的刺激"。当他忙于撰写斯瓦特的资料时,弗斯曾几次邀请他去伦敦参加研讨会,尽管牛津没有邀请他。尽管如此,他还是通过一个共同的熟人与埃文斯-普里查德的一名博士生埃默里·彼得斯取得了联系,后者撰写了关于利比亚东部昔兰尼加的贝多因人的文章。事实上,埃文斯-普里查德在利比亚服兵役期间,根据有限的实地调查,自己完成了一本专著,这是他最不为人知的一部著作,内容是关于赛努西苏菲派的分阶段对立。彼得斯的工作也是始于在北非服兵役的经历,但这

---

① James Frazer, *Totemism and Exogamy: A Treatise on Certain Early Forms of Superstition and Society*, 4 vols. (London: Macmillan, 1935).

需要更全面的实地调查和对阿拉伯语的良好了解。巴特和彼得斯见过几次面,交换了关于斯瓦特和昔兰尼加的笔记。

许多年后,巴特会重提已于 1987 年去世的彼得斯,把他作为一位沉默的见证人——他在遗作中批判了英国人类学普遍占统治地位的等级制度,尤其是埃文斯-普里查德的权威。[①] 巴特本人出于若干个人原因对埃文斯-普里查德在社会人类学中行使权威的方式感到不满。这位牛津教授曾导致巴特关于库尔德人的博士论文遭拒。在之后的几年里,巴特没有获得任何一种奖项,因为他对埃文斯-普里查德不够尊重。

柯尔论文奖每年颁发一次,1958 年,利奇鼓励巴特将他的文章《裂变式对立与博弈论》(后简称《裂变式对立》)提交给评奖委员会,利奇曾在 1951 年和 1957 年获得该奖。在这篇文章中,巴特认为数学博弈论可以揭示一个裂变式社会(斯瓦特)中的政治策略。这篇论文很可能是该奖项委员会当年收到的最好的作品,但是委员会决定不授予巴特该奖项。类似于一位帕坦土地所有者的推理,巴特认为这一决定或许表明埃文斯-普里查德的权威不容受到质疑。

在剑桥,巴特为他的博士论文提出了两个可以选择的概要。他读过格雷戈里·贝特森关于裂变的著作,并且考虑按照贝特森提出的思路分析酋长和圣者之间的关系。贝特森(1904—1980 年)在人类学领域有些另类,他逐渐成长为一名跨学科的系统论理论家,擅长创造性隐喻和对生命系统基本原理的创新生态思维,但在 20 世纪 50 年代,他仍然是人类学核心圈内的成员。贝特森根据新几内亚伊塔穆拉部落的田野

---

① Fredrik Barth, 'Britain and the Commonwealth', in Fredrik Barth, Andre Gingrich, Robert Parkin and Sydel Silverman, *One Discipline, Four Ways: British, German, French, and American Anthropology* (Chicago: University of Chicago Press, 2005), pp.1-57.

调查,在专著《纳文》中开发了一个动态模型研究冲突,他认为冲突是自我强化的螺旋升级或"军备竞赛"。[①]他区分了两种形式的裂变,一种是对称的,另一种是互补的。酋长和圣者之间的关系似乎很好地符合互补裂变的概念,因为两种类型的领导人行为方式不同,权力基础也不同。

另一种选择是着眼于领导、战略、荣誉和联盟的概念,主要侧重于拥有土地的酋长。福蒂斯教授支持第二个计划,于是巴特就这样定下来了。然而,巴特在攻读博士学位时被邀请在曼彻斯特发表一篇研讨会论文,在那篇论文中他选择了对圣者和酋长或者说"狐狸和狮子"之间的竞争关系进行分析。

曼彻斯特大学的人类学系那时由马克斯·格卢克曼(1911—1975年)领导,他曾领导北罗得西亚(现赞比亚)卢萨卡的罗兹-利文斯通研究所。格卢克曼和他的学生对结构功能主义方案的重新制定作出了重大贡献,其方式类似于巴特当时的活动。他们在社会人类学中引入了网络理论,以促进对个人实际行为和行为对象的密切研究。他们对北罗得西亚铜带矿业城镇环境下的族群进行了早期研究。与此同时,格卢克曼对他的老师拉德克利夫-布朗和他的朋友兼赞助人埃文斯-普里查德很忠诚,而曼彻斯特的研讨会在外人来介绍他们的研究时并不以礼貌著称。他们在政治上是激进的,在曼联主场比赛时集体去了老特拉福德(英超曼彻斯特联足球俱乐部的主场位于英国大曼彻斯特郡特拉福德自治市斯特雷特福德——译注。),并且以朴实、务实、敏锐和有争议的知识分子形象而闻名。人们可能会说,他们几乎就像巴特本人一样,要不是因为巴特与剑桥和利奇结盟,而剑桥和利奇恰好也是

[①] Gregory Bateson, *Naven*, rev. edn. (Stanford, CA: Stanford University Press 1958 [1936]).

格卢克曼在英国社会人类学这个狭小而紧张的世界中的主要对手。巴特说，曼彻斯特的演讲进行得"相当顺利"。他在1957年春天完成博士论文时也没有遇到任何重大困难，在同一时期，他还为利奇主编的一本书撰写了一篇关于种姓的文章。

尽管直到今天，英国学术圈仍然相当讲究礼节，并努力保持旧的传统和与之相伴的一些等级制度，但博士论文答辩或口试远不如荷兰和北欧等许多其他国家那样正式和庄严。在像挪威这样的国家，博士论文答辩是一项重要的公共活动，候选人和质询者（答辩委员）都着装正式，而负责答辩的院长或代理院长穿着长袍，用拉丁语宣读固定的规则，实际的考试可能呈现出仪式化操演的特征，而不是真正的对话。在英国，整个答辩过程都渗透着英式的低调。答辩活动没有什么正式的活动，并且不公开，候选人也没有义务组织类似于婚礼或正式生日举行的那种派对。我第一次被邀请成为答辩评委时，开玩笑地问学校我是否能在活动中穿上我的旧"性手枪"（Sex Pistols）T恤。他们不情愿地回答说，如果我真的需要，他们认为我可以。巴特有一个内部的和一个外部的评审专家，外部评审专家事实上持不同观点。巴特的外部评审专家是艾萨克·沙佩拉（1905—2003年），他是马林诺夫斯基早期的合作者之一，也是南部非洲亲属制和政治方面的著名权威。巴特早先在伦敦政治经济学院逗留期间认识了沙佩拉，并回忆答辩过程是"愉快而刺激的"。这一次答辩，会通过还是会失败毫无悬念。这篇论文于1959年以《斯瓦特河谷帕坦人的政治领导》发表，迄今仍被阅读。一些人认为这是巴特最好的专著。

巴特即将离开剑桥时结识了克里斯托弗·冯·费弗尔-海门多夫，他是一位优秀的文化人类学家而非社会人类学家，祖籍奥地利，1950年至1975年间在伦敦大学亚非学院（SOAS）

担任人类学系主任。在《人类》杂志发表的一份通知中,费弗尔-海门多夫批评巴特在25岁芝加哥学生时代的早期出版物中对文献的使用有限,①由此两人结识。巴特曾上过他的一门伊斯兰法的课程。当联合国教科文组织就一项游牧研究提议与费弗尔-海门多夫进行接触时,他推荐巴特承担这项工作。巴特评论道:"所以,在我完成前一次任务之前,我就有了下一次机会。"②巴特当时还获得了挪威一个研究机构颁发的三年研究奖学金,此时他几乎不会感到没有得到应得的机构支持,尽管他确实感觉应该尽可能避开北海两岸的某些人。

联合国教科文组织的"干旱区域项目"(Arid Zone Project)涉及伊朗内游牧和定居之间的关系,并宣称该项目是解决实际问题的应用研究。简而言之,伊朗希望游牧民可以永久定居。现代国家和游牧群体之间的关系一直是个问题,例如欧洲当代社会对吉卜赛人(罗姆人和辛提人)表现出的强烈不满。巴特感激地接受了邀请,但他首先要和家人回到奥斯陆,重新联系"阁楼小组",参加乔治·莫根斯蒂纳的波斯语强化课程。

巴特到达奥斯陆时,发现人类学博物馆的上层正在发生变化。"阁楼小组"已经开始进入学术就业市场。索默费尔特完成了他的硕士学位并前往非洲,他将在那里度过几年时间,他起初跟随马克斯·格卢克曼攻读博士学位,后来在索尔兹伯里(现哈拉雷)担任讲师,直到出于政治原因被伊恩·史密斯罗得西亚驱逐。克劳斯获得了博物馆馆长的职位。巴特简洁地评论说,直到这个空缺被填补,他甚至没有听说过它,这可能与耶辛不想让他出现在那里有关。"他非常模棱两可,因

---

① Christoph von Fürer-Haimendorf, 'The Southern Mongoloid Migration', *Man* 52,2(1952),p.80.

② Hviding, *Barth om Barth*.

权利和荣耀

为我比他优秀。作为该领域的一个教授,你知道自己并不精通,可你在上面压了太多政治和个人的本钱,而且分析起来又逊色于一个年轻人,这可不是开玩笑的事情。非常难。"①

1957年秋天,28岁的巴特已经是一名社会人类学博士,他在一些顶级国际期刊上发表了文章,出版了一部专著(关于库尔德人),另一部正在出版中。他已经完成了两项详尽的人类学研究,即将开始他的第三项研究。人们不难认为,不仅限于"阁楼小组"内,他已是群中翘楚。利奇在给他的高年级博士生努尔·约尔曼的一封非常率直的信中,对他的新学生群体发表了评论。他似乎对其中的大部分都喜忧参半,但他相信,"有苏拉特[斯瓦特]研究经历的巴特,显然会得 A^{++}"。②

很大程度上出于实用考虑,巴特通常很难将他的家庭纳入他的职业计划。在卫生和其他实际问题不构成主要挑战的前提下,家人陪他去剑桥,陪他完成其他跨国旅行,但从来没有陪他完成过田野工作。对我们那个时代的人类学家来说,这种安排似乎有些奇怪。当代大多数有家庭的人类学家都熟悉将家庭生活和实地工作结合起来的挑战。有些人会带着家人,但并不是所有的家庭都适用于此。如今,大多数人类学家的配偶都有自己的职业或项目,不容易被"带到"马里或马拉维,仅因为丈夫或妻子计划在那里简单地生活一年左右。这些困境都有解决方案,但无论是在职业上还是家庭上,都是有代价的。

1951年至1959年间,莫莉和弗雷德里克·巴特有了四个孩子,分别是汤姆、塔尼娅、杰尔根和伊丽莎白。在此期间,弗雷德里克曾三次离家数月外出考察。莫莉从未有过自己的职业生涯,此外,正如弗雷德里克所说:"这不仅仅是一个决定,

① Hviding, *Barth om Barth*.
② Tambiah, *Edmund Leach*, p.64.

53

而是一个不可能的选择,她不可能主动去偏远的地方。"莫莉很少抱怨,在整个20世纪50年代和60年代她都待在家里和孩子们在一起。巴特在与人类学家尤妮·维肯的第二次婚姻中,他在这方面将成为当代时代的人类学家,承担了家庭领域的不同的分工。对此,我们将在后面的内容中再次提到。

许多人认为这篇提交评选柯尔论文奖,后来发表在《皇家人类学研究所学报》的文章《裂变式对立与博弈论》,是巴特最重要的短篇作品。这并不是直接基于他的博士研究,而是借鉴数学博弈论在论文中进一步发展了策略的形式分析。

博弈论,今天仍然是社会科学工具包中的一个重要工具,最初是由约翰·冯·诺依曼和奥斯卡·莫根施特恩在20世纪40年代提出的,[①]目的是解释并最终预测行为,尤其是在微观经济学领域。这一理论的前提是,人们理性地行动,尽力使效用最大化,并以最有利的方式发展将合作和竞争相结合的个人策略。博弈论通常被描述为功利主义的一种形式,它包含了对社会生活的看法,其中个人效益最大化被认为是最重要的驱动力。有人反对说,博弈理论家将人视为利己主义者,忽视了人们会把团结和社区利益作为目标。这种批评远非无关紧要,但不充分。博弈论并不自称是一门完整的人类学(关于人类的知识),而是基于人们倾向于充分利用机会的假设,试图模拟策略行动。

很容易理解为什么深受自然科学理想影响的巴特会被博弈论所吸引。他从来没有把仅仅描述和记录文化差异本身视为目的。然而,他认为关于文化进化的广泛理论过于粗略、投机、规范,对分析没有用处。与此同时,他渴望了解哪些因素会导致变异,以及如何不用抽象的、有点神秘的"社会逻辑"来

---

① John von Neumann and Oskar Morgenstern, *Theory of Games and Economic Behavior* (Princeton: Princeton University Press, 1944).

描述一种现存的社会形态。巴特认为,要使一个解释可信,它必须建立在可观察到的事实基础上,而在社会科学中,这意味着个人及其行为成为必要的起点。博弈论确定了个人策略行动的机制及其影响,因此在这方面似乎值得进一步探索。

然而,需要指出的是,博弈论在社会人类学中的用处并不明显。在传统微观经济学中,策略行动的目标被视为既定目标,涂尔干在他那个时代批评功利主义社会理论家赫伯特·斯宾塞没有理解经济行动的目标是由社会定义的。① 因此,没有纯粹的经济最大化这种东西,因为社会定义的规范和价值决定了哪些目标值得追求。甚至目标理性行为也有价值理性的成分(这是马克斯·韦伯的辨识)。

在经济人类学中,这种见解是司空见惯的。哪些资源被认为是稀缺的,是特别有价值的,会因地而异,每一个策略行动的目标都有文化定义。宗教和魔法可能对人们的个人策略极其重要,而哪些资源被认为是稀缺的,还取决于有关社会的技术、生计和生态条件。

这并不意味着最大化的概念和类似博弈的策略作为比较性概念必然无用。巴特在首次运用博弈论的文章中指出,他的分析不涉及有关目标由文化定义的反对意见。在文章的第一部分,在进行分析之前他仔细阐述了当地条件的主要特征,他后来称之为激励和约束的条件,他清晰地说明了行动者所面临的利害关系,他们可能意识到的各种选择,以及不同策略可能带来了预期和非预期结果。考虑到斯瓦特内争夺佃农和土地的竞争条件,有可能相当准确地说明某个特定土地所有者与另一个土地所有者何时结盟有利可图,以及何时对抗有利可图。三个实力较弱的土地所有者有可能哪一天走运,通

---

① Emile Durkheim, *The Division of Labour in Society*, trans. E.W. Halls (New York: Free Press, 1984 [1893]), e.g. pp.263, 265.

过相互约束的战略联盟,毁掉一个强大人物的愿景。

在文章的引言中,巴特表明了一个在当时英国人类学界较为激进的立场。福蒂斯、埃文斯-普里查德和格卢克曼是当时研究非洲以世系群为基础的社会的首要专家,他们关心如何解释无国家社会的凝聚力。世系群理论,当它被应用于单一世系群时,就像非洲的情况一样,表明亲属关系如何创造稳定的团体、强大的政治社群,它们在共同世系和相互义务的精细交织的网络的基础上以协调一致的方式行动。世系内部和世系之间出现的分割对立可以用来解决和缓解冲突,研究的最终目的是展示无国籍社会是如何整合起来的。巴特提到了这项研究,并明确表示他是以此为基础进行构建的,但接着补充道:"考虑到本文的特定取向,单边继嗣的多种寓意可以表达为它们对于个人选择的重要性。"[1]

父系继嗣赋予个人明确的社会地位,但是没有规定他在特定情况下是如何行动的。他必须考虑一个特定决策的若干方面,以及提供若干选择的行动领域。此外,事实是斯瓦特的父系并不像埃文斯-普里查德研究的努尔人那样形成稳定、平衡的对立关系,而是一种不稳定的局势,在这种局势中,联盟不断变化,没有人能相信今天的朋友不会变成明天的敌人。

文章中分析部分的例子表明,关于声望和社会地位的博弈不能直接与涉及土地和租户的博弈相比较。一些看到有机会提高声望的酋长,可能会放弃他们本可以声称拥有的土地,而另一些酋长则声称拥有这块土地,即使这会导致名誉有所削弱。结果无法提前预测。即使对敌对双方的兄弟竞争有强烈的规范性警告,这种情况依旧偶尔会发生,这样的过程只能事后追溯,作为策略博弈来分析。正如象棋游戏中的每一步都无法预测一样,斯瓦特河谷中涉及两方、三方、四方或五方

---

[1] Fredrik Barth,'Segmentary Opposition and the Theory of Games', p.5.

的博弈也无法提前模拟,但就像象棋游戏一样,可以用博弈论进行回溯分析。

为了理解巴特对科学和知识可能性的看法,明白这种区别是很重要的。尽管他当时更喜欢解释和比较,而不是描述和阐释,尽管他后来被指责为实证主义者,但他从未认为社会科学可以预测人类行为。要做到这一点,就必须将文化背景、社会约束和可能性,甚至人类复杂的思维,都考虑进来。

巴特还在攻读博士学位时就写了《裂变式对立》。很容易理解利奇为什么喜欢这篇文章。在加入马林诺夫斯基的学生团队之前,他自己有工程学背景,并且在他的一生中,比起一般描述来,他对机制更感兴趣。在比较拉德克利夫-布朗和马林诺夫斯基时,利奇曾经写道,拉德克利夫-布朗制作的是目录,从手表到老爷钟,他对各种计时器都有分类和描述,而马林诺夫斯基试图找出钟表是如何运转的。① 与拉德克利夫·布朗的观点相比,巴特对待世系理论和裂变式对立的方法与马林诺夫斯基的观点更相似,这肯定让有工程师头脑的利奇很高兴。

这篇文章成为文献中处理个人与系统关系的参考标准,并在很大程度上帮助巴特找到了一个他后来试图摆脱的立场,即方法论个人主义。方法论个人主义认为所有社会现象在最后都可以通过观察个人和个人之间的关系来探索。它的辩证对立面是方法论的集体主义或整体主义,即社会和文化现象被视为超越个体的、本质上不可还原为集体的。应该指出的是,巴特已经在《裂变式对立》中注意强调对个人选择的规范性和结构性限制。与此同时,很明显,他更进一步,也许比 20 世纪 50 年代的任何其他社会人类学家都更进一步,他将个体的能动性视作社会生活的最基本特征。

---

① Edmund R. Leach, *Rethinking Anthropology* (London: Athlone, 1961), p.6.

游牧的人类学家：巴特的人类学旅途

剑桥的岁月对巴特来说是富有成效的。在撰写论文时，巴特还写了另一篇重要文章，《巴基斯坦北部斯瓦特的社会分层体系》。① 这篇文章被利奇编辑的关于种姓制度的卷本收录，尽管理论上没有《裂变式对立》大胆，但它展示了一个非常细致和系统的民族志田野工作者形象。在这篇文章中，巴特详细介绍了种姓成员和实际职业之间的关系、种姓外婚率（实际上的种姓外婚比理论上的更普遍）、种姓之间的商品和服务流动，以及四个村庄的种姓分布统计。他在后来的出版物中跟进了这篇文章的几个主题。其中描绘经济循环的流程图让人想起他后来的文章《达尔富尔的经济领域》②中作为核心分析部分的那幅更著名的图表，而关于社会分化的最后讨论（狐狸尾巴），介绍了巴特直到20世纪70年代中期依旧以不同方式关注的一个主题。

选择在一篇关于种姓的文章的标题中谈论社会分层，本身并非没有争议。许多印度专家认为种姓主要是人们的一种仪式和宗教分类，其基础是印度教。穆斯林尽管不是印度教徒，但仍然保持种姓制度，这个事实可以通过印度教从孟加拉到阿富汗的广泛影响解释。

巴特并不反对这一普遍观点，在第二章中，他区分了纯种姓和不纯种姓，这表明了斯瓦特种姓和印度教种姓之间的密切关系。例如，制革工人在斯瓦特的种姓等级制度中处于底层，这在印度教宇宙观中是有意义的，但在伊斯兰教中却没有意义。制革工人处理死牛，这在仪式上对印度教徒来说是个

---

① Fredrik Barth, 'The System of Social Stratification in Swat, North Pakistan', in Edmund Leach (ed.), *Aspects of Caste in South India, Ceylon and North-West Pakistan* (Cambridge: Cambridge University Press, 1960), pp.113-146.

② Fredrik Barth, 'Economic Spheres in Darfur', in Raymond Firth (ed.), *Themes in Economic Anthropology* (London: Tavistock, 1967), pp.149-174.

问题,但对穆斯林来说不是。此外,斯瓦特的"圣者"这一类别本身就包含一个种姓,这让人直接联想到印度教的圣徒。和巴基斯坦其他地方一样,斯瓦特的人口在成为穆斯林之前就已经是印度教徒了,新的宗教并不需要彻底革新当地的社会组织,也不需要直接去除传统的纯洁和不纯洁的观念。

与此同时,巴特认为种姓制度应该首先被理解为一种与劳动分工相关的社会分化。他把它分析为一种社会现象,而不是宗教现象。在斯瓦特,这显然是有道理的,因为理论上伊斯兰教是一种平等的宗教,认为上帝面前人人平等。

在文章的结尾,巴特勾勒出了一个更像拉德克利夫-布朗而不是马林诺夫斯基的类型学,不过作为编辑的利奇还是接受了它。巴特暂时区分了三种类型的社会组织。首先,平等主义型社会,在这样的社会当中,只有个人,而不是群体,才能脱颖而出(十年后,他自己会在新几内亚遇到这样一个社会)。其次,他描述了具有一系列明确的身份地位、与社会中的群体分支(种姓或类似分支)关联的制度。最后,这种形式涉及复杂制度,不同的身份地位可以自由组合,他把这个制度与货币经济联系在一起。这就是我们这种个人主义制度,至少在该模型层面上是这样。

巴特现在已经写了三篇关于生态学、政治博弈和种姓制度的优秀科学论文,这些文章详细阐述并扩展了他博士论文中的分析,并很快成为一部专著。后来,他发表了有关斯瓦特河谷的更多文章,但是有了这些早期的作品,他在30岁生日前就在国际上为自己赢得了名声。在大西洋两岸,巴特已经被认为是最令人兴奋的年轻人类学家之一,也是该学科可以指望的继承者和创新者。在未来几年里,他的声誉将通过一系列出版物、挑衅性的观点和不同地点的田野调查而得到证实和提高。

28岁的弗雷德里克·巴特在1957年秋天准备在伊朗南部进行实地考察,这时他基本上和1951年22岁时跟随布莱德伍德去伊拉克一样。他具有古典博物学家的知识习惯，并秉持归纳研究理念，根据这个理念，他将经验事实置于理论建构之前。同时，他也被同样的好奇心和对他人生活开放的态度所驱使，这种态度六年前曾带他前往伊拉克。正如他在谈到自己在斯瓦特的经历时说的那样："我在那里有过刻骨铭心的经历，而且，正如我在实地调查时总会遇到的情况一样，问题在于弄明白实地情况。然后理论公式就由此产生。但正是在试图抓住实际存在的东西的过程中，理论才得以形成。"[1]

巴特对这种归纳知识方法的认同，不仅让他在社会人类学领域，而且在相邻的社会学和社会哲学领域中，都与主流社会理论家保持了距离。20世纪50年代英美社会学界的杰出人物是塔尔科特·帕森斯（1902—1979年），他建立了雄心勃勃的关于社会整合的系统理论，但很少列举接近经验的实例——这本可以让读者对那些系统自我生产所必需的行动者略知一二。帕森斯和他的同事保罗·拉扎斯菲尔德在20世纪50年代对挪威社会科学产生了相当大的直接影响，尤其是对最近成立的社会研究所。这些著名美国学者的学术访问促成了一个决定性的转变，鉴于战争的结果，这种转变无论如何都可能发生，那就是从德国学术方向主导转变为美国学术方向主导。战前，许多挪威学者用德语写论文，战后，英语成为挪威学院迄今为止最广泛使用的国际语言，这一发展在其他国家也是相似的。

拉扎斯菲尔德于1948年访问了奥斯陆，并与哲学家阿恩·纳斯和社会科学家维尔海姆·奥伯特、埃里克·林德和斯坦·洛克坎等一起为建立社会研究所做出了贡献。拉扎斯菲尔德关于投票行为的研究在挪威特别有影响力。帕森斯受到韦伯和涂尔干的启发，发展了一种结构功能主义，这种结构

---

[1] Hviding, *Barth om Barth*.

功能主义可以说类似于马林诺夫斯基的生物心理功能主义和拉德克利夫-布朗的理论。他的模式确认了需要满足的个人需求(如马林诺夫斯基的理论),以及社会系统持续存在和繁荣发展所必须保持的功能(如拉德克利夫-布朗的理论)。

巴特几乎没有时间去研究帕森斯那种宏大理论,投票行为的定量研究缺乏可能引起他的兴趣的复杂性或独创性分析。巴特与当时正忙于在奥斯陆设立研究机构的社会学家和其他社会科学家之间几乎没有什么联系。然而,巴特的认识论和哲学家纳斯的社会科学研究计划之间有一些有趣的相似之处。两人都对抽象的大陆社会理论持批评态度,并且更加热衷于简单的、基于数学的模型,这些模型可以应用于广泛的具体案例。纳斯后来改变了自己的立场,重新成为哲学怀疑论者和深层生态运动的创始人,他当时被正确地认为是实证主义者。他认为社会问题可以用自然科学的方法来研究、描述和分析。巴特后来也被认为是一个实证主义者,他反复强调自然主义的"观察和思考"理想很容易给人留下这样的印象。自20世纪70年代中期,巴特已经明确地与对他作品的这种解释保持距离,但早期的巴特也不应该被视为实证主义者。作为一位人类学家,他知道局部环境总是独特的,这限制了一般解释模型的有效性。尽管如此,巴特和纳斯都持有一种归纳的科学观:提倡直接观察,反对猜测和非实证的理论化。他们都是经验主义者,纳斯是战前维也纳学派的产物,巴特是他父亲和岳父学自然主义原则影响下的产物。

事实上,巴特在关于库尔德人和帕坦人以及后来的作品中,已经在寻求一种严格的自然主义描述。他希望将人类学家的创造性解释减少到最低限度,以便能够掌握真实存在的东西,那些可以被直接观察到的东西,显然他在这个时候也将因果解释视为研究的目标。在这一点上,他与英国人类学日益增长的趋势并不合拍。后来,埃文斯-普里查德明确地阐述了这个趋势,即放弃自然科学模型,满足于 Verstehen 而不是 Erklären,即满足于理解而不是解释。[1] 埃文斯-普里查德对这一转变的完全合理的解释是,拉德克利夫-布朗提出的发现"社会的自然规律"的乐观计划迄今为止没有产生成果,这显然是因为社会生活比自然过程更不可预测和模糊。巴特的研究很少被认为是对拉德克利夫-布朗的直接继承。可以说,他的研究从个人及个人间的互动开始,而不是从整个系统开始,他颠覆了拉德克利夫-布朗的方法,尽管他分享了拉德克利夫-布朗的一些基本认识论假设。

目前为止,巴特可能被认为是实证主义者。他还与纳斯和其他人都坚持一种信念,即准确的语言对于描述社会生活是可用和必要的。其他人则持怀疑态度,因为他们认为语言有助于创造现实,任何语言都不可能完全独立于语境。

同时,巴特早期工作的某些方面超越了实证主义。最重要的是,如上所述,他承认文化差异以决定性的方式影响着个人的策略。他们寻求实现的价值是由文化定义的,他们行动的约束和激励则源于他们在非自身创造的社会结构中的位置(但是通过他们的行动有助于维持和改变)。此外,巴特并不认为预测个人的行为是可能的,不管人们对他们的情况了解多少。换句话说,他们的选择是真实的。人们很容易得出这样的结论,巴特想成为一名实证主义者,但是他作为人类学家太优秀了,不可能成为实证主义者。社会生活总是伴随着不可预测和模糊的维度,但是你必须非常接近个体行动者才能辨别它。像狄更斯和陀思妥耶夫斯基这样有影响力的小说家都知道这一点,他们描述了那些让读者脸红的人,以及那些不理智、愚蠢和意想不到的行为。

20 世纪 50 年代的知识潮流来了又去,却没有给巴特留下

---

[1] E.E. Evans-Pritchard, *Social Anthropology*(London: Cohen & West, 1951).

多少印象。自然,他知道萨特、加缪和巴黎的存在主义者,但在他们身上找不到他可以利用的东西。他也没有非常积极地与卡尔·波普尔及其科学研究计划发生联系,但是人们确实感觉到,如果更深入地了解波普尔,巴特可能会加强自己的研究计划。波普尔最重要的贡献可以说是他的证伪原则,他说,要证明一个假设的真实性是不可能的。①

因此,一个研究人员能做到最好的,就是让自己的假设遭到严厉批评,接受试图证伪的批判性检验。一个假设经受不成功的证伪尝试越多,它就越站得住脚,但它永远不会得到一劳永逸的证明。这就证明,为什么说好战的无神论者认为上帝被证明是不存在的这个说法是错误的。巴特在批判性地讨论自己的发现时,可能会使用类似的分析方法,但他倾向于研究"真实存在的东西",很少尝试其他阐释。

这似乎也是对的——如果巴特更熟悉在战后年代的英国颇具影响力的新语言哲学的话,他对民族志方法和人类学理论的紧密结合,即对理论洞见来自日常生活观察的坚持,原本会得到加强的。特别是奥斯汀和约翰·塞尔等年轻的哲学家,他们分析了口语的内涵意义,以展示普通语言行为如何塑造人们的生活世界。巴特应该已经意识到了,但是没有在普通的语言哲学上花太多时间。事实是,巴特从来不认为自己是一个有学问的人。他与其他人的研究和思考保持工具般的务实关系。事实上,他偶尔会建议学生,在开始田野调查之前,不要读太多有关该田野的内容,以免受到他人先入为主的观念和理论公式的太多影响。

尽管巴特对20世纪50年代更广泛的知识思潮并不特别感兴趣,但他与当代人类学保持着更积极但有时奇怪的超然

---

① Karl Popper, *The Logic of Scientific Discovery* (London: Hutchinson, 1959 [1936]).

关系。他对人类学有一个广泛的概述,但很少深入讨论其他人的研究。通过利奇,他了解到克劳德·列维-斯特劳斯的结构主义,这在当时的法国受到极大关注,并将在之后十年对盎格鲁-撒克逊世界产生重大影响。利奇本人此时即将要和这位法国人进行知识对话,这种对话将持续到他生命的最后。巴特饶有兴趣地关注着以朱利安·斯图尔德和莱斯利·怀特为代表的美国人类学的新潮流,他们重振了自博厄斯在本世纪初掌舵以来一直萎靡不振的进化论和唯物主义的人类学。至于阿尔弗雷德·克罗伯和克莱德·克拉克洪为代表的美国主流人类学,巴特在剑桥的岁月里就已经远离了它。在他看来,他们重视象征文化,不重视社会关系,这似乎是一条死胡同。

另一方面,巴特确实继续与美国人类学保持联系,在他职业生涯的后期,他在美国大学的时间比在英国大学的时间要长。与此同时,到了20世纪50年代末,他成了英国学派的代表。对他自己的作品产生主要影响的,有马林诺夫斯基的成果,尤其是后者方法论和对实际个体的强调;有弗斯对经济策略、即兴创作和社会生活灵活性的兴趣;以及与利奇的合作和讨论。

巴特为什么会和剑桥的利奇如此紧密?其原因并非显而易见。在该校的其他人类学家中,福蒂斯是最有权势的,古迪是年轻一代中最多产的。然而,在埃文斯-普里查德脱离拉德克利夫-布朗的研究计划后,福蒂斯仍然忠于该计划,并将他的研究引向对稳定性而非对改变和即兴发挥的理解。古迪(生于1919年)是西方有名的非洲专家,他后来致力于与国家、家庭、写作和读写能力以及非洲和欧亚大陆之间的差异有关的大的比较主题。和巴特一样,他在这个时候写了关于亲属关系和政治的文章,但是他和巴特的关系从来没有变得亲密过。

利奇因其聪明的头脑而受到尊重,但他也因直率和傲慢令人敬而远之。利奇毫不犹豫地推掉他认为根本不需要的工作。今天,人们首先记得他是一位不妥协、大胆的思想家和辩论家。在他的一生中,他有能力将问题转向意想不到的方向,重新思考问题,并将既定的真理引向新的方向。他的第一部主要著作《缅甸高地的政治制度》表明,在诸多可能中,个人的族群身份可以改变,在社会的实际组织和人们对此社会的想法之间并不必契合。他后来出版了一本关于斯里兰卡的专著和多篇关于仪式、交流和神话的有影响力的文章。与结构功能主义者不同,利奇并不认为一个社会处于稳定的平衡状态是显而易见的或是自然而然的。事实上,他在《缅甸高地的政治制度》中写道,缅甸高地的克钦社会长期不稳定。这种观点并非没有争议,利奇在其他情况下也有蓄意挑衅的倾向。巴特在剑桥期间,利奇和福蒂斯的关系从冷漠转变为冷淡。尽管如此,他们仍保持部门同事关系,直到福蒂斯 1973 年退休。利奇和古迪之间的关系也不是特别融洽。

做大学里的学者并非那么容易。专业分歧可能演变成个人仇恨,反之亦然。然而学者们在职业生涯中经常在同一个地方工作,并被迫年复一年地与老敌人在公共休息室、委员会和会议上共处。学术界凶杀率之所以低,一定是因为他们倾向于反思的生活,而不是残忍的爆发。

与其说是利奇正在研究的实质性主题,不如说是他明显的学术能力激发了巴特。巴特回忆,利奇是一个非常健谈的人,总是出人意料地以曲折、博学和新颖的方式激发思考、鼓舞人心。尽管巴特在以后的生活中也会建立其他学术友谊,但当谈到他的模型和灵感来源时,他总要回溯到利奇(以及他父亲)那里。

早期的巴特可以和斯瓦特山谷成功的土地所有者相提并论。毫无疑问,巴特目标明确且行事高效。他在奥斯陆的博士论文被拒仅仅五年后，他就成了一名公认的、受人尊敬的学者，并踏上前往他的第三个主要野外基地——伊朗南部的巴赛里游牧部落的旅程。但他能走到这一步，不仅仅是因为他雄心勃勃，有能力在实践中实现这些目标。他也很幸运。如果汤姆·巴特没有在芝加哥获得主席职位，他的儿子就不会在1946年成为那里的学生，也不会陪同布莱德伍德去伊拉克。相反，弗雷德里克可能会成为一名优秀的雕塑家。此外，如果关于库尔德人的论文在奥斯陆被接受，他完全有可能不会申请并获得奖学金，从而得以在剑桥逗留。如果他没有前往英国并认识费弗尔-海门多夫，他也会错过在伊朗进行实地考察的机会。然而，将巴特早期非凡的成就仅仅解释为"纯粹运气"（巴特曾这样说）是有失偏颇的。像一个称职的帕坦酋长一样，他有能力在机遇降临时发现机遇，并在恰当的时候抓住机遇。人们也不应该低估这样一个事实，即使在很小的时候，巴特也必定拥有自信、魅力四射的光芒和举止风度，这让他周围的人相信他注定有所成就。

尽管航空先驱拉德维格·布拉森可以说是一个慷慨的人，对研究也有浓厚的兴趣，但并不是每个人都连续两次获得长途飞行五折的机票折扣。不过，时至1957年，这次的账单由教科文组织负责报销。还有就是，巴特这一次似乎运气不佳。

游牧自由

因为我的观点是,如果你以这样一种方式安排你自己,即你不像他们中的一员那样融入——通过你吃什么、你的举止、你怎么睡觉——你生存所需要的物质装备,那么,你显然在你和他们之间制造了障碍①。

出发前一切似乎都井井有条。巴特去过巴黎,在接受了著名人类学家阿尔弗雷德·梅特克劳斯关于这项任务的面试后,他在最后一刻获得了医疗证明。该项目是教科文组织干旱区域倡议的一部分,其出发点是国家视角下的游牧民族问题。他们从本质上很难治理。在大多数情况下,游牧民族没有固定的地址,没有固定的付酬工作,他们的子女也没有接受过正规教育。除非

---

① Hviding, *Barth om Barth*.

被迫，否则他们不会屈服于国家的权力垄断；他们几乎不纳税，也不尊重官方的政治边界。在世界各地，对统治地位日益巩固的国家来说，游牧群体越来越成为一个问题；相反，国家统治也越来越成为游牧民族的问题。干旱区域提倡的目的是研究如何让游牧民定居下来，以便更有效地治理他们，为国民经济做出更有益的贡献。从更广泛的意义上说，教科文组织的项目涉及我们人类如何更好地开发世界干旱地区，这些地区覆盖了地球上近一半的土地，但居住人口稀少，这些人口往往是游牧民族。

意想不到的是，德黑兰的造纸厂突然停工。巴特未能获得研究许可，被迫在首都等待几周乃至几个月。在这段时间里，他几乎没有做什么有价值的事情。他在旅馆里花了很多时间，读小说，抵制在德黑兰市场上做一些实地工作的诱惑。他也小心翼翼地不引起当局注意。经过近三个月的耐心等待，他终于获准前往巴赛里地区，但在他能够开始实地工作之前，内政部要求巴特得到酋长的许可。理论上讲，酋长已经失去了权力，因为军队已经接管了该地区的正式管理权，但实际上巴赛里酋长仍然是实际掌权者。巴特从酋长那里获得允许，然后飞回德黑兰加盖了公章，最后终于可以在巴赛里开始他的田野调查了。

巴赛里人是伊朗众多游牧或半游牧民族之一。他们被选中参加这项研究的一个原因是他们会说波斯语，而且他们的生活方式也很典型。他们大约有16,000人，就他们的社会组织而言，他们可能介于该国西部土地肥沃和水源充足地区最具等级和中央集权的群体与生活在东部半沙漠地区组织松散的无政府主义者之间。一般来说，一个民族能够生产的经济盈余越大，其内部差别就越大，这不仅涉及劳动分工，而且还涉及经济不平等和权力差异。从文化史的角度来看，无论是狩猎、农业、园艺、畜牧还是其他活动，正是初级经济活动的剩余,使得分工成为可能。这就是为什么在那些仅能勉强维持自己生存的社会中,社会制度最为平等且分化程度最低。随着工业革命和随后的经济全球化,劳动力分化和等级制度的可能性进一步增加。这个世界上富裕的工业领袖的收入可能是普通员工的200—400倍,在美国和巴西等极度不平等的社会中,情况甚至更糟。

巴赛里人的主要社会群体是核心家庭,它拥有自己的帐篷,这是自治单位的象征,和自己的牧群。这个社会的共同身份是建立在亲属关系和生活方式的基础上的,如前所述,在巴特作田野调查时,巴赛里事实上仍然由酋长领导。他们的传统领地从库西布高地的较低部分向东南方延伸约450公里,直至拉尔镇以西。最近的主要城市是设拉子。由于他们随动物季节性迁移,任何时候都只利用总面积的一小部分。换句话说,他们的生活节奏是由气候和生态决定的。他们冬天在东南部干旱和相对贫瘠的地区度过,夏天在西北部的牧场度过。此外,他们在文化上与法尔斯省的其他游牧群体有关联,并定期与他们结成松散的联盟。

变革为巴赛里人带来了影响。1979年被伊斯兰革命废黜的国王的祖父礼萨·汗在20世纪30年代强迫该国所有游牧民族定居下来,这一安排在他于1941年英苏入侵期间被迫退位时终止。大多数游牧民族随后恢复了他们早期的生活方式,但在定居的岁月里,他们不仅失去了大部分牲畜,还失去了他们政治制度的一些特征。

优秀的研究助理不可低估,尽管他们的角色在人类学出版物中往往刻画不足。在斯瓦特,巴特很幸运有卡什马利教他哪些该做、哪些不该做的基本常识,给他介绍并解释富裕的土地所有者之间的冲突模式。虽然巴特的波斯语讲得还行,但他还是希望有一位能够在必要时进行翻译的助手。"所以我带了一个叫阿里·达德的家伙来,他是一位来自其他部落的男孩,有着敏锐的才智和个人抱负,没有经过正式培训就学会了英语,在一家工程公司当跑腿的。他和我一起工作。"①

和阿里·达德在巴赛里
(照片经弗雷德里克·巴特和尤妮·维肯允许使用)

　　阿里·达德住在设拉子,他帮了很大的忙,不过不是因为他做了多少介绍,他在巴赛里没有个人关系网,而是他起到了文化向导的作用。例如,款待的问题在早期就出现了。这是人类学家熟悉的两难境地。他们享受别人的热情款待,因此有义务给予回报。但向知己支付金钱并不总是一种好的方式,因为金钱往往会将友好关系重新定义为契约关系,这会给交易双方都带来尴尬。在巴赛里人中,好客和送还礼物的问题迫在眉睫。终于有一天,巴特以客人的身份来到巴赛里人

---

① Hviding, *Barth om Barth*.

游牧自由

的营地。他们听说他要来,然后他就突然出现在他们面前。正如他告诉赫维丁的:

> 酋长开车送我过去,把我的行李从路虎车里扔了出来,并对一些人喊道:"这就是那个家伙,他要和你们住在一起。"然后他开车走了。我就在那里,对,我是一个客人,我该怎么办,因为付钱给一个波斯游牧民族的人是不可想象的。考虑到我要和他们待几个月,我该怎么办?然后阿里·达德说:"下次我们路过市场时,我会去买一袋糖放在帐篷里,这样你们俩都不会有问题。"①

礼物和回礼必须要适当。这在人类学家中已经是很长一段时间的常识了,至少自马塞尔·莫斯在1923年写下他著名的关于礼物交换的文章之后。② 礼物不应该太重也不应该太轻,它们应该是个人的和敏感的,象征给予者和接受者之间的关系。当你到达一个新的地方,不熟悉当地的风俗习惯时,你几乎不可能猜出什么是交换的准则。在巴赛里,一袋糖显然是合适的。

来访的人类学家受到了热情的接待和尊重。巴特几乎不会骑马,但他不得不骑。"不幸的是,我应该说,我得到了酋长的种马,所以我骑了一头大马,它是如此的好色以至于无法控制。"③每天早上,这位人类学家都要骑马走在最前面,为的就是不让他的公马看见其他母马。

和其他游牧民族一样,巴赛里人和定居的农民和商人生活在一种共生关系中。由于游牧民族似乎过着简单的生活,

---

① Hviding, *Barth om Barth*.
② Marcel Mauss, *The Gift*, trans. Ian Cunnison (London: Cohen & West, 1954 [1923/24]).
③ Hviding, *Barth om Barth*.

71

没有什么财产和工具,所以人们通常会认为畜牧业比农业更古老。这是错误的,第一个驯养动物的人是农民,而转向畜牧业的往往是最富有的农民。饲养牲畜比传统农业劳动强度小,而且回报往往更高。游牧民族用他们的动物产品从农民和商人那里获得农产品、工具和纺织品。他们最重要的动物是绵羊和山羊,但巴赛里人也饲养驴(用于运输)、马(用于男人骑乘)、双峰驼(用于羊毛和重型运输)和狗(保证安全)。

在20世纪50年代,对游牧民族的人类学研究并不多见。在巴特之前,德里克·斯坦宁进行过这样一项研究。他研究过西非的富拉尼人,并于1959年出版专著。[1] 他在牛津大学的导师指示他跟随富拉尼人从东到西然后再返回,这要求他在这里实地研究一整年的时间。巴特只在巴赛里待了几个月,跟随他们从冬天的牧场到夏天的牧场,但他没有和他们一起返回。虽然《波斯南部游牧民》的序言中指出,田野调查的时间是在1957年12月至1958年7月进行,但由于官僚体制的原因,头3个月他是在德黑兰度过的。他直到3月才到达巴赛里营地。[2]

巴特本人评论了他异常迅速且高效的实地考察时期,那就是"我想过得还算轻松,因为我没有在实地待很长时间,但我的理由是我总是待到有所收获才离开"。[3] 他总是带着清晰描绘、清晰表述的研究问题来工作,用他的朋友和同事冈纳尔·哈兰的话说,"[巴特]用他的眼睛来观察人们在不同情况

---

[1] Derrick J. Stenning, *Savannah Nomads: A Study of the Wodaabe Pastoral Fulani of Western Bornu Province, Northern Region, Nigeria* (London: Oxford University Press 1959).

[2] Fredrik Barth, *Nomads of South Persia: The Basseri Tribe of the Khamseh Confederacy* (Oslo: Universitetets Etnografiske Museum, 1961), p.vi.

[3] Fredrik Barth, 私人交流, 2012年秋天。

下的行为。"①在巴特的人类学研究方法论中,口头交流往往不如直接观察重要。

斯坦宁所撰阅读量最高的文章是关于富拉尼家庭生存能力的。② 其目的是显示一个家庭能够自我繁殖的上限和下限,并确定一定数量的劳动力所能饲养的动物的最大和最小数量。有三个儿子可以劳作的家庭自然能够比只有一个儿子可以放牧的家庭饲养更多的牲畜。由于分工遵循性别划分,女儿的数量也将决定有多少动物可以挤奶,多少产品可以出售或使用,家庭能够用的皮革和羊毛产量。

巴赛里人的经济完全依赖山羊和绵羊。他们还从事其他活动,例如在春天会有一周时间收集松露,但是他们的生计和贸易都是以山羊和绵羊为基础的。他们特有的黑色帐篷由羊毛制成,易于移动,冬季防水,夏季凉爽。女人们梳理羊毛并编织地毯,这些地毯原则上可以出售,但经常留作自用。

当穿越一个村庄或城镇时,巴赛里人用来出售或交换他们需要的东西的主要商品是乳制品、羊毛、肉类和毛皮。一般情况下,他们无法持有比他们每年从低地到高地再返回时所能携带的更多的财产。一些最富有的人确实拥有一些土地,但是他们会让其他人以作物收成三分之一到六分之一的租金耕种,这取决于土壤的质量和水源的情况。像其他游牧民族一样,巴赛里人对以务农为生并不怎么感兴趣。

巴赛里与斯瓦特的对比非常明显。尽管他们都有首领和营地首领,巴赛里的政治组织基本上是平等和分散的,帐篷——核心家庭——是有效的政治实体。如果一个家庭希望

---

① Gunnar Haaland,私人交流,2012 年夏天。
② Derrick J. Stenning, 'Household Viability among the Pastoral Fulani', in Jack Goody (ed.), *The Developmental Cycle of Domestic Groups* (Cambridge: Cambridge University Press, 1962), pp.92-119.

搬到另一个营地,只要另一个营地的负责人同意,他们就能够这样做。他们经过长时间的、令人筋疲力尽的讨论后作出决定,且通常没有明确的结论。男人拥有自己的资本,即他的牲畜,他不需要为别人工作。

巴赛里人的性别关系与帕坦人和科希斯坦人也不同。在帕坦人当中,性别隔离在家庭内部范围之外,创造了男女之间严格的界限。帕坦女人穿着布卡,所以每当她们离开家,她们只能透过蓝色或白色的格子看到世界。至于巴赛里人,巴特把男人和女人之间的关系描述为"自然和放松的"。当他和他的助手阿里·达德(都是与主人无关的人)搬去与伊斯兰古拉姆和他的家庭同住时,没有出现任何道德担忧的迹象。即使古拉姆年轻漂亮的女儿带着她刚出生的孩子搬进帐篷,其他帐篷也没有传出明显的流言蜚语。

应当指出,教科文组织的任务是评估巴赛里人和其他游牧群体定居的条件。巴特越了解他的住家,他面临的困境就越大。他发现自己很容易理解和欣赏巴赛里人对迁徙自由的高度重视,他们在强迫定居结束后,即使没剩下几头牲畜,却依旧立即开始季节性迁徙。巴特还注意到,巴赛里人在物质上比大多数定居的农民和劳工更富裕。他们身体健康,饮食健康,生活健康,有充足的新鲜空气和运动。他们的生活质量很高,享受着独立,也知道在定居的村民中不存在这样的自由。当有人采访巴特他多次的田野调查经历时,他有时会提到他与巴赛里人的长途跋涉是他个人最愉悦的一次。他还说巴赛里人是他研究过的最快乐的人。他们过着简单、独立、贴近自然的生活,非常好客,并且有着牢固的家庭纽带。

在冬季的几个月里,巴赛里人分散在相当广阔的一块土地上。1958年3月,巴特从哈桑·阿里·扎尔加米酋长的路虎车上下来时,他看不到任何类似游牧营地的东西。他的住家出来接待他,但是除了他们的帐篷之外,16,000名巴赛里人无处可见。然而,在遥远的平原上,人们仍然可以瞥见许多黑点,这些黑点原来是其他的巴赛里人的帐篷。冬季牧场是贫瘠的,因此,羊群需要尽可能大的空间。

跟随巴赛里人,巴特发现他们与周围的大自然密切互动,说是和谐相处也不为过。当牧场贫瘠时,他们四散分布;当牧草郁郁葱葱的时候,他们汇聚成较大的群体。在政治上,他们根据需要聚合在一起,政治领导人最重要的任务似乎是充当交通警察,确保牧场尤其是水的公平分配。人生仪式,如婚礼,总是在牧草丰饶的季节举行。

联合国教科文组织的任务包括研究定居的可能性和后果,实地调查的重点是经济和生态。巴特估计,一个家庭需要至少100只山羊或绵羊才能维持生计,而200只则是最佳选择。如果牧群太小,它就不能生产足够的肉、羊毛和奶制品。但是如果牧群发展得过大,牲畜可能会营养不良,因为它们挤在一起,而且也更容易生病。富裕的牧民可以拥有多达800只牲畜,但他们需要雇佣帮手来放牧。然而,这些被雇佣的人对他人的牲畜并不像对他们自己的一样有责任感,这可能会导致动物产品减少和贪污。许多故事讲到,雇佣的放牧人偷偷卖掉牲畜,然后声称它们"没了"。换句话说,当畜群变得太大时,出售牲畜是有合理的经济理由的。

这些钱可以换成珠宝,但购买土地更常见。一个巴赛里人拥有的土地越多,他就越想定居下来,成为地主,以便进一步控制租出去的土地。没有巴赛里人承认这是他们想要的,但这确实存在。相反,如果羊群规模太小,巴赛里人就无法过舒适的生活,往往是一场干旱或流行病,他们就可能会被迫永久定居,这样一来,他们就会成为贫穷的劳动者。

对游牧民族来说,土地有价值,但没有价格。牲畜既是投资资本,又是股息。和其他牧民一样,巴赛里人不愿意宰杀动物,因为这意味着他们的资本减少。同时,太小气也会被人看不起。部落中最富有的一个人,穿着破旧,骑一头骡子,从不拿食物招待游客,并且自己放牧,于是得到了一个可笑的绰号"迪迪特·汗",意思是他吝啬得连自己的虱子都吃得下①。

  巴特发现,许多巴赛里人本可以把他们的牲畜变卖来购置地产,然后定居下来,但他们却选择把羊群分给孩子。富人一般不止有一个妻子,因此有许多孩子来分牲畜。在那些售卖牲畜并以农民身份定居的人当中,许多人缺少男性继承人。换句话说,巴赛里人文化上明显倾向于游牧的生活方式。此外,巴特的研究表明,巴赛里人对其土地的开发是最佳且高效的,因为放牧的强度与自然的承载能力相适应。在这里,应该插一句,游牧没有自动的生态平衡,许多地区,尤其是干旱地区,由于过度放牧已经成为生态灾难区。相比之下,在巴赛里人生活的地区,人口和牧群都保持在生态可持续的规模。

  巴特认为,巴赛里人没有足够的理由按照伊朗政府的意愿定居并成为农民。当他那年夏天回到欧洲时,他与梅特克劳斯讨论了这个问题,梅特克劳斯支持巴特的想法,但建议他在专著中淡化教科文组织的作用。1958年夏末,他为联合国教科文组织写了一份报告,解释了有关经济、生态和干旱地区利用的相关参数。后来,他写了一本专著,正如梅特克劳斯所建议的那样,除了在导言中对他们的项目进行简短的描述之外,该书淡化了教科文组织的作用。在专著中,他以这份报告为出发点,但又进行了扩展,如他所说,"几乎每个句子都变成了一个段落"。专著的手稿是在1959年秋天提交的,但是直到1961年才由奥斯陆的人类学博物馆和波士顿的利特尔·布朗出版社出版。

---

① Fredrik Barth, *Nomads of South Persia*, p.102.

游牧自由

当它最终与读者见面时,这本关于巴赛里人的专著受到了极大的欢迎。尽管这是一个应用研究项目的结果,但它对巴赛里人的生活进行了丰富多样的描述。这本民族志是用简单的语言写成的,包含近距离的体验,不时穿插着轶事和重要事件的描述。卡尔顿·库恩在期刊《美国人类学家》中写道,巴特的书第一次为读者提供了理解波斯游牧是如何运作的机会。[1] 此后许多人在这本书中找到了灵感,这本书简明扼要,但触及了巴赛里人生活的方方面面。巴特写的是性别和宗教、嫉妒和冲突。他有一个简短的章节讲述了一个吉卜赛人群体定期伴随巴赛里人迁徙,他描述了他们的政治结构和仪式生活,并在定居主义和游牧主义的逻辑之间进行了清晰的对比。

巴特六年来的第三部专著《波斯南部的游牧民族》与前两部有许多共同的特点。它内容简短(150页),用严肃的语言写成,没有太多文字上的修饰。尽管根据教科文组织的任务要求,本书的主题是游牧经济,但本书内容是全面的,因为作者也探讨了相关背景。而且,应该补充的是,人类学家的语境脉络相当于房地产经纪人的房产位置。游牧民族和定居民族之间的关系,以及游牧民族和国家之间的关系,有一个显而易见的背景维度,必须首先弄明白。此外,不了解巴赛里人的政治组织是不可能了解他们的经济的,因为他们的政治组织为家庭提供了许多选择和极大的灵活性。而如果不理解亲属制度,就无法全面理解政治,他们遵循父系制度,但没有形成基于氏族或宗族成员身份的强大联盟或团体。此外,如果不了解两性之间的分工以及关于婚姻和财产继承的规则和做法,也就无法理解亲属关系。宗教仅在该书附录

---

[1] Carletoon Coon, review of *Nomads of South Persia*, *American Anthropologist*, 64,3(1962),pp.636-638.

77

中讨论,这并不是巴赛里人生活的显著特征,它本身对人类学家来说是一个非常有趣的遗漏,人类学家倾向于期望传统民族对宗教和超自然现象有浓厚的兴趣。巴赛里人"通常对波斯毛拉宣扬的宗教不感兴趣,对形而上学的问题漠不关心"。[①] 他们遵循波斯的年轮,庆祝波斯新年诺鲁孜节,他们给儿子行割礼,给赛义德支付报酬以便他们来主持结婚仪式;但是宗教仪式总的来说并没有在巴赛里人的生活中扎根。然而,在关于宗教和仪式的附录的末尾,巴特却反其道而行之,问正常的迁徙过程本身及其周围的活动是否可以说没有仪式价值。有人可能会说,这种迁移本身就赋予整体的存在一种意义,因此它可以作为一种完整的宇宙观发挥作用,尽管它具有明显的实用和务实的维度。通过这种方式,巴特试图将仪式活动的奇怪缺失与巴赛里人生活方式的整体以及对传统人类学宗教方法的尝试性批判结合起来。他自己处于奥斯陆中产阶级社会,在那里积极参与自然受到高度重视,而只有少数人信奉基督,这可能使巴特在理解定期迁移的象征意义方面具有相对优势。

《波斯南部的游牧民族》与巴特早期的专著一样,在文献引用上很吝啬。参考文献只有一页,总共有23篇参考文献,其中有3篇是巴特自己写的。20世纪50年代大多数人类学专著都有几页参考文献。书中引用的14条文献涉及伊朗或整个伊朗的游牧生活。斯坦宁关于家庭生存能力的文章被引用作为畜牧经济的比较观点,拉德克利夫-布朗关于非洲南部母亲兄弟的经典文章被引用借鉴作为亲属关系的观点。此外,人类地理学家弗尼瓦尔多元社会的观点也被引用借鉴。他对东南亚复杂社会的著名描述与巴特在伊朗的观察是一致的;在东南亚,不同的民族之间几乎没有共同之处,但会在市场上相

---

① Fredrik Barth, *Nomads of South Persia*, p.135.

遇。利奇关于缅甸高地的专著也被包括在关于仪式和宗教的附录中,并被引用了论点,即仪式可以理解为行动的交流维度,换句话说,它没有工具功能或目的。最后,巴特在社会学家霍曼斯身上找到了灵感,霍曼斯以其交往契约观而闻名,他认为社会生活是一系列的交流。这些作者都不是讨论较多的对象,也不是争论或批评的对象。

巴特和巴赛里人的实际相处时间只有三四个月。起初,他等了将近三个月的研究许可,从六月初开始,他就在德黑兰继续对该地区其他民族进行短期访问。考虑到这本专著的质量和深度,简直是轰动一时。据我所知,没有人指责巴特这本专著过于简单化或存在严重误解,从结婚仪式到手工艺品和移民节奏的描述都是准确和令人信服的。不得不承认,巴特是一个非常能干和专注的田野调查工作者,他在短短三个月内收集了大量的经验材料,别的人类学家可能需要花上一年的时间。然而,除了斯瓦特,在那里他可以轻松地用普什图语对话,有限的语言能力一直是巴特作为一名田野调查工作者的致命弱点。即使在乔治·莫根斯蒂纳和灵格风(Linguaphone,语言培训机构——译者注)的有力帮助下,他也从未精通波斯语,这一点他在专著和后来的著作中都不加避讳地承认。因此,他远不能理解别人谈话中的所有微妙之处,尽管他可能能够理解别人对他的问题的回答,并且自己能够完成普通的谈话。他必定非常依赖他的双语助手。

与此同时,巴特倾向于充分利用他在这一领域的观察和经验,他在巴赛里的田野调查也不例外。除了专著之外,他还写了几篇文章,这些文章与这本书只有部分重叠。最重要的是《波斯南部游牧民族的资本、投资和社会结构》一文,该文阐述了游牧民族之所以不把自己变成定居的农民,不仅出于生

游牧的人类学家：巴特的人类学旅途

存层面的因素,而且出于经济上的考量。①

阅读巴特前三个时期的田野工作及其丰硕成果,我们可以了解到一位才华横溢的人类学家和精明的思想家的故事,还间接地了解了雇佣一名当地的田野调查助理是多么有用,以及一次又一次地找到优秀的合作者是多么幸运或有技巧。在库尔德斯坦,他得到了巴巴·阿里·谢赫·穆罕默德的宝贵帮助。穆罕默德与巴特分享了他庞大的人际关系网,他还研究过政治学,对巴特的研究有着浓厚兴趣。在斯瓦特,巴特和卡什马利一起工作。在巴赛里,他一直和阿里·达德在一起。尤其是卡什马利,可以被称为一个关键的调查合作人,但有充分的理由相信阿里·达德也帮助巴特快速有效地进入和了解当地社区。对于年轻的人类学家来说,他们或多或少被明确告知,他们必须自己做一切事情(并且至少在实地工作一年);听到巴特讲述他与关键调查合作人紧密合作高速高效的田野调查经历一定是一种精神释放。巴特比大多数人类学家更坦率地说明了他对口译员和关键调查合作人的使用方式,这表明民族志的质量确实可以通过当地八面玲珑者或文化翻译的共谋来提高。

1959年秋,完成巴赛里人研究专著之后,巴特和克劳森开始在奥斯陆大学教授人类学。学生很少,但热情很高。首先是克努特·奥德纳和简·布罗格。跨学科人才奥德纳一生既是考古学家又是文化史家,后来在奥斯陆大学任教多年。而布罗格接受过心理学和社会人类学的双重教育,最终成为特隆赫姆社会人类学系的创始人和无可争议的当家人。

---

① Fredrik Barth, 'Capital, Investment and the Social Structure of a Pastoral Nomad Group in South Persia', in Raymond Firth and B.S. Yamey (eds), *Capital, Saving and Credit in Peasant Societies: Studies from Asia, Oceania, the Caribbean, and Middle America* (Chicago: Aldine, 1964), pp.69-81.

大约在这个时候，奥斯陆大学宣布了一个教职，虽然没有具体说明，但隶属于人文学院。现在，社会人类学通常被归类为一门社会科学，但它的定位从来就不明显，而且有一些人类学系被归入人文学院。此外，社会科学学院直到1963年才在奥斯陆成立。在20世纪50年代，人们通常认为人类学和考古学、民族学等学科之间的关系比与社会学和政治学更近。耶辛本人就是一名考古学家，布隆获得了他的民族学硕士学位。这个职位没有像今天这样公开宣布，而是在资深学者中进行了一轮提名。莫根斯蒂纳提名巴特，巴特愉快地接受了这个职位。然而，正如他所说，历史学家组成了"一个强大的团体"（根据他在斯瓦特研究的联盟动态）。他们想让理论导向的历史学家奥塔·达尔担任这个职位。他显然是一个强有力的申请人，并最终获得了胜利，巴特怀疑耶辛可能在这里发挥了作用。正如他觉得强大而备受尊敬的埃文斯-普里查德在牛津反对他一样，学术上不太重要但影响力较大的耶辛是巴特在奥斯陆争夺稀缺资源的竞争对手。

大约在同一时间，一群有影响力的人聚集在一起，讨论新成立的卑尔根大学（成立于1946年）的未来，以及它在更广泛的挪威和斯堪的纳维亚背景下潜在的比较优势。住在卑尔根的哲学家克努特·埃里克·特拉诺伊在美国学习期间接触了文化人类学。他从奥斯陆收到巴特的简历和出版物，并把它们交给了该大学的校长阿恩·哈尔沃森。也许这也起了作用：巴特"阁楼小组"的老同志、当时在卑尔根博物馆拿到研究院基金的海宁·西弗特斯，以极大的热情向特拉诺伊和其他有影响力的人详细介绍了巴特这个极具天赋的年轻人。事实上，西弗特斯后来被昵称为"施洗约翰"——那位预言救世主即将来临的人。哈尔沃森碰巧在奥斯陆的委员会工作中认识巴特的父亲汤姆，并因此对他的儿子产生了信任。最终，巴特收到了卑尔根大学一个临时教职的个人邀请，但是如果一切顺利的话,他有可能获得终身职位和晋升。

然而,当这件事步入正轨时,巴特收到了罗伯特·佩尔森遗孀简·佩尔森的一封信。佩尔森和巴特于1953年相识,他们对中东与印度次大陆交界的地区有着同样的兴趣。佩尔森和巴特相识时,也产生了对斯堪的纳维亚半岛北部萨米人的兴趣,并发表了关于这些地方的文章,但他一直计划在巴基斯坦西南部进行实地考察。1954年秋,他在俾路支省进行田野调查,直到1955年因病去世。简曾陪同丈夫到调查地点,编辑并撰写了200页的田野调查笔记。她向巴特咨询是否可能用材料做些研究。巴特研究了佩尔森的田野调查笔记,并意识到如果没有实地的第一手知识,就很难正确掌握这些笔记。因此,他向温纳-格伦人类学研究基金会申请了去巴基斯坦的旅费,并获得批准。1960年春天,他去了俾路支省,希望能找到一种方法,使佩尔森的田野调查笔记最终成型。幸运的是,曾与佩尔森共事的俾路支人精通普什图语和俾路支语,因此巴特可以很容易地与他们沟通。佩尔森的田野调查的悲惨情况也促成了俾路支人以热情、好客和尊重的方式接受巴特。由巴特撰写和编辑,但以佩尔森的名义出版的《马里俾路支的社会组织》最终于1966年出版。[①]《美国人类学家》热情的评论家总结道,他相信佩尔森会"默默地"为这次合作感到骄傲。[②]

巴特还设法利用佩尔森的田野数据和他自己对俾路支斯坦的访问经历,撰写了他自己的文章《俾路支东北部的竞争和共生》。[③] 这篇文章采用了一些有关斯瓦特族群和生态的文章

[①] Robert N. Pehrson, *The Social Organization of the Marri Baluch*, compiled and analysed from his notes by Fredrik Barth (Chicago: Aldine, 1966).

[②] Louis Dupree, Review of *The Social Organization of the Marri Baluch*, *American Anthropologist* 70,1(1968): 140-142.

[③] Fredrik Barth, 'Competition and Symbiosis in North East Baluchistan', *Folk* 6,1(1964): 15-22.

以及有关巴赛里人的专著中使用过的方法。文章展示了政治权力、生态条件和经济计算是如何支配该地区三个主要群体之间的生态位创造和社会经济关系的,这三个群体是定居的帕坦农民、波文达游牧民和兼营农牧的马里俾路支人。

几件事几乎同时发生。首先,奥斯陆的准教授职位给了别人。其次,巴特在卑尔根获得了临时准教授职位。第三,为了佩尔森的遗产,他去了俾路支。最后,巴特收到了哥伦比亚大学的邀请,请他于1960年去那里做客座教授。巴特接受了邀请,但由于俾路支的项目,他不得不等到秋天再去纽约。大约在这个时候,克劳森去印度进行实地考察,布隆接管了博物馆的本科教学。

在哥伦比亚大学,巴特进入了一个多样化的、充满活力的、自我意识强烈的学术环境,有许多怪咖,但并无浮夸之人。邀请他的动因是1956年的生态学文章,但是学生和同事很快就会发现最新的巴赛里专著。教师中有哈罗德·康克林,他创立了人类学的一个分支,即研究知识系统和"族群科学"(ethnoscience)的人类学,还有安德鲁·P(皮特)·瓦伊达,他有生物学背景,希望在人类学中更系统地运用生态叙事。巴特和马文·哈里斯共用一间办公室,马文·哈里斯很快就以大众人类学作家和不妥协的、有争议的唯物主义者而闻名。巴特一边写作一边教学,后来回忆起这些,他承认哥伦比亚大学的环境要求很高,因为学生们努力学习,健谈且聪明(他曾称他们为"典型的纽约犹太人"),他既向他们学习,也教授他们知识。其中一名学生是罗伊("Skip")·拉普波特,他后来对新几内亚的猪、人类和生态可持续性进行了创新性分析。[1]

---

[1] Roy A. Rappaport, *Pigs for the Ancestors: Ritual in the Ecology of a New Guinea People* (New Haven: Yale University Press, 1968).

游牧的人类学家：巴特的人类学旅途

　　1961年春天巴特离开哥伦比亚的前夕，系主任查尔斯·瓦格雷组织了一次告别聚会。他在演讲结束时，邀请巴特接受系里的一个教职。哥伦比亚大学位于上西区，很靠北，几乎与哈莱姆区毗邻，是美国最好的大学之一。它属于常青藤联盟，并设有人类学系，弗朗茨·博厄斯在那里主持了40年工作。那里的终身职位在国际上的排名将远远高于卑尔根新建的省立大学的临时准教授职位。巴特的妻子莫莉生来就是美国人，她很可能觉得这个提议很有吸引力。然而，巴特似乎甚至没有考虑过这个提议。他说，在纽约接受一个职位将意味着成为一名美国人，并加入一个高度竞争、以成就为导向的体系，在这个体系中，固执地追求自己兴趣的机会可能比卑尔根这个穷乡僻壤少得多。为此，他选择将卑尔根视为一个黄金机会，而不是最后的选择，并接受了他们的聘请。

　　吸引巴特到卑尔根最重要的一点是，正如他所说，他相信自己能够"依靠自己的能力"。巴特是很有主见的人，他当时已经通过三本书和几篇文章证明了这一点。此外，他知道作为一名准教授的临时职位最终可能会发展成为教授职位，在卑尔根有可能建立一个新的研究环境，而不必处理那些阻碍创造性的灵魂和抑制创新的沉重历史包袱。这很诱人，正如他在回顾中所说的："是的……[我]是被在挪威，实际上是在整个斯堪的纳维亚创建第一个人类学系的挑战所吸引。这是一个我不能错过的机会。"①

　　他的父亲汤姆警告过他。前者本人就曾目睹同事们因转到卑尔根规模较小的地方大学而在学术上日渐荒废。也许这一警告间接地起到了激励作用？巴特现在是一位著名的人类学家，32岁的他是4个孩子的父亲，但他仍然决心向父亲展示他的内心想法，他不在乎正式的等级。汤姆·巴特是斯堪的

---

① Fredrik Barth, 'Sixty Years in Anthropology', p.7.

纳维亚自然科学界的一个重要人物,是好人和伟人之一——根据他的同事亨利克·诺依曼的说法,他的科学贡献远比他在冬季将美国汽车弄上霍尔门科伦山更为人所知。[①]

然而,尽管搬到了卑尔根,巴特仍然与奥斯陆保持联系。在他的一生中,巴特一直深深依恋挪威东部的森林,特别是奥斯陆郊外的诺德马尔卡。在多雨的卑尔根,他永远不会感到在家的感觉,因为德国通过汉萨联盟与卑尔根有着长期的联系。20世纪50年代末,他在奥斯陆西郊的霍尔彭科拉森高档地区买了一栋房子,靠近他父母的房子,位于与诺德马尔卡的交界处,那里是森林和湖泊的一个大型保护区,可以欣赏博格斯塔德万内湖的全景。之后的12年,他没有再搬进这所房子,但这次购买是一个可感知的迹象——根据观察资料,而不是采访资料,表明他不打算在卑尔根度过余生。

---

① Iver B. Neumann,私人交流。

创业者精神

你不应该只看到是什么成就了创业者，而是要看到创业者成就了什么。①

巴特到达卑尔根大学时，这所有15年历史的大学坐落在市中心附近的一座小山上。挪威社会具有与自然和乡村生活相关的乡村历史和现代民族特征，在处理城市化问题上存在严重的困难，但卑尔根是一个主要的例外。特隆赫姆的主校区位于离城市约10公里的开阔场地上，特罗姆瑟大学离机场比离城市更近。而在奥斯陆，大部分院系都位于布林登，周边围绕着苹果树和中产阶级郊区的幸福家园。韦斯特弗德大学和利勒哈默尔大学学院等新建的大学离最近的城镇足够远，学生们去听课

---

① Fredrik Barth, 'Introduction', in Fredrik Barth (ed.), *The Role of the Entrepreneur in Social Change in Northern Norway* (Bergen: Universitetsforlaget, 1963), pp.5-18.

时就不会感到自己是城市社区的一部分。然而,在卑尔根,社会人类学家在福斯温克尔斯门的一栋旧建筑里开课,那里离酒吧、广场和商店都很近。

1961年,当时还没有现在这种社会人类学系,这门学科隶属于哲学系。然而,几乎不用说,从大学管理的角度来看,巴特的首要任务是创建一个国际水平的专业的社会人类学环境。海宁·西弗特斯已经在那里,但在巴特到达的同一年,西弗特斯去了墨西哥进行实地考察。奥托·布尔和罗伯特·潘恩是第一批到来的人。布尔曾在不列颠哥伦比亚学习人类学,并在奥斯陆获得了民族学硕士学位。英国人潘恩在牛津大学获得博士学位,但自从他写了关于挪威北部萨米人的文章后,他不仅认识了巴特,还了解了挪威。这两人都写过关于斯堪的纳维亚半岛的问题,他们在卑尔根早期的存在提醒人

巴特1967年在卑尔根
(照片经卑尔根大学图书馆允许使用)

们,挪威人类学界并不总是认为"家乡"(或"离家不远的")人类学是不得已而为之或属于二流。早在20世纪70年代发现北海石油之前,挪威就已经是一个相当繁荣的国家,很早就有能力资助异国他乡的田野调查,那些选择不远行的人这样做是出于愿望,而非必要。

第二年,布隆带着他的研究奖学金和因纽特专家赫尔格·克莱文也加入了卑尔根日益壮大的人类学家队伍。然而,其余的"阁楼小组"成员继续留在奥斯陆,其中一些人很快将成为首都社会人类学发展的主角。阿克塞尔·索默费尔特留在非洲,并将一直待到被伊恩·史密斯的警察驱逐。阿恩·马丁·克劳森在博物馆有稳定的工作,并继续与英格丽德·鲁迪和哈拉尔·埃德海姆一起在那里建立社会人类学。民族学系(不久将成为社会人类学系)于1964年成立。

在卑尔根,巴特周围的圈子继续扩大。1963年,一个讲师职位需要人选。许多人以为这是为克莱文准备的,他是团队中巴特以下资历最老、最有成就的人,但他不想留在卑尔根。或许他需要把自己从巴特魅力四射的领导下解放出来,或许是他的丹麦妻子想回家,无论如何,克莱文还是去了哥本哈根。1968年,他在那里成立了一个有影响力的非政府组织"土著事务国际工作组"(IWGIA)。因此,布隆觉得他必须申请这个职位,并且也这样做了,最终他获得讲师职位。[①] 在接下来的几十年里,在巴特离开卑尔根很久之后,布隆在卑尔根扮演了重要的教师、导师和院系建设者的角色。

巴特很早就意识到,如果社会人类学要在挪威有前途,它必须与挪威和挪威的情况相关联。有一些关于挪威的人类学研究,如潘恩的工作和埃德海姆对挪威萨米人关系的研究,以

[①] Jan Petter Blom and Olaf Smedal, 'En paradoksal antropolog', *Norsk Antropologisk Tidsskrift* 3(2007): 191-206.

及约翰·巴恩斯对布雷姆内斯的研究,布雷姆内斯是挪威西部的一个渔村。但是,除了大量的民族学文献之外,几乎没有别的东西,其中大部分是描述性的,有些还具有明显的国家建设性质。巴特说:

> 在某种程度上,我们必须和挪威社会的一系列任务同步。从理论上说,挪威是世界上的一个地方,因此和任何其他地方一样具有民族志意义。所以这里不存在理论上的矛盾。用这么多话来说,这就是我们对人类学的看法。我还记得我们是如何嘲笑列维-斯特劳斯的,他做了一个著名的演讲,说人类学会在它的研究对象消失——最后的部落消失或解体时,最终得到启蒙,到那时,人类学不再具有研究对象。当时我们认为这样说非常愚蠢。事实上的确如此。[1]

巴特在卑尔根的头几年里,两个关于挪威社会的项目大获成功。第一个涉及渔业。巴特聘请了社会学家欧文·汉森参与这个项目,但他先让英格丽德·鲁迪对西北海岸渔船上的社会交往进行了为期六周的预研究,随后让她加入研究。

巴特在阅读了欧文·戈夫曼的《日常生活中自我的呈现》后,[2]想到了渔业项目,这本书自 1959 年首次出版以来,激励了几代社会学家和人类学家。巴特在芝加哥时对戈夫曼知之甚少,他对这位社会学家在看似微不足道的情况下发展出有趣而又有启发性的观点的能力印象深刻。戈夫曼展示了我们人类是如何倾向于夸大(过度交流)我们希望别人注意到的任何事情,淡化(交流不足)我们不希望别人注意的事情。他的

---

[1] Hviding, *Barth om Barth*.
[2] Erving Goffman, *The Presentation of Self in Everyday Life* (Garden City, NY: Doubleday, 1959).

重点是带有策略因素的情境化行动路线。你希望自己的女朋友或男朋友所关注的私事,不太可能和你与雇主过度沟通的事完全一致。

鲁迪在莫尔海岸的几周时间里不断打磨和提炼的主要观点,是研究在渔船上的互动中存在的地位和角色的关系。在人类学中,身份指的是一个人在社会系统中的正式地位,而角色指的是这个人积极地、通常是策略性地和即兴地运用身份来实现特定的目标。在渔船上,有三种类型的相关身份:船长、渔民和网头,网头扮演着一种八面玲珑的角色。他的工作是判断或感知鲱鱼群的位置。当时渔船上没有配备声呐。

巴特去捕了一次鱼,然后又回来了,在卑尔根举办了关于角色行为和策略选择的研讨会。这一渔业项目没有出版什么重要著述,但几年后,它将为巴特主要理论著作《社会组织模型》的第一章提供实证基础。

相比之下,另一个以挪威社会为关注点的项目几乎立即取得了成果。1962年1月,巴特组织了一次关于农村创业者精神的研讨会,出版了《挪威北部的创业者》一书。其研究视角十分明确,在这本书的导言中,巴特明确阐述了自己对人类学世界的国际立场:他说其兴趣不在于是什么成就了创业者,而在于创业者成就了什么。其他人会从观察制度、规范或社会结构(或者,几年后的财产关系)入手,而巴特从置身于某种社会状况中可感知的、行动的、有主观愿望的能动者入手。

社会科学的创业者与建筑行业的略有不同,尽管两者偶有颇多共同之处。巴特在历史学家西里尔·贝尔肖的著作中找到了一个他可以使用的定义,在这个定义中,创业者被描述为一个企业的冒险领导者,他鼓励创新,并受高额利润的愿景所驱使。巴特写道,创业者的这些方面表明,创业者发起并协调一系列活动,一个企业集团围绕这些活动联合起来(也可以使用"网络"一词)。从社会学角度来说,创业者是一个角色的一个方面,它不像日常语言中那样是一种职业或一个人。①

　　这本关于挪威北部的创业者精神的书,即使以巴特的标准来看也很短(只有82页),包含五篇文章,包括巴特的导言。他在书中表明,他为什么可能会被指控为实证主义者,以及为什么他最终不是一个实证主义者。描述和分析都预先假定了行动的最大化逻辑,读者可能会得到这样的印象,即人类从根本上说是策略性的和自私的。这种批评一直针对经济学的整个学科,答案很简单:经济学没有得出人本身就是自私的战略家的假设,但经济研究中的一个重要因素是行为最大化。经济学家很少研究父母和孩子之间的非正式互动,但他们经常关注资本投资和金融投机。关于创业者精神的这本书(以及巴特的许多其他早期著作)的独特之处在于,一位社会人类学家竟然采用这种方法来研究经济。毕竟,当人类学家研究"原始经济"时,他们通常要么寻找它的社会整合作用(如莫斯的《礼物》),要么寻找特定文化的交换形式和规范交易准则(如马林诺夫斯基的特罗布里恩德研究)。他们经常追随经济史学家卡尔·波兰尼和他的重要著作《大转型》。在这本书里,大规模资本主义下的个人利润最大化与早期的经济体系形成了对比,在早期的经济体系中,除了个人效用以外,其他价值都被放在首位。② 和其他地方一样,巴特在这本书里假设,世界各地的人类都在一个公认的、普遍的行动逻辑下行动:每个地方的人们都倾向于最大限度地利用他们的机会,这很可能被视为战略性的、最大化的行为。

---

① Fredrik Barth, 'Introduction', *The Role of the Entrepreneur*, p.7.
② Karl Polanyi, *The Great Transformation: The Political and Economic Origins of our Time* (Boston: Beacon Press, 1957[1944]).

与此同时,这种逻辑在不同的文化世界中表现得明显不同。这意味着,即使人类学家假设行动的逻辑是相同的,他们也必须了解当地的情况,及其伴随的价值观和规范体系。巴特早期对最大化行动的关注很可能会被讨论,并在人类学的圈子里已经被彻底讨论过,但是没有理由指责他只看到功利最大化。在多年后进行的一次采访中,巴特用几句话解释了为什么人类学不能成为实证主义者。简而言之,它不能为了预测行为而寻找客观的、普遍的规律。"我们就是现在所说的建构主义者。我们说人们会通过他们的文化来解释他们的处境,这并不会导致实证主义的科学。"①

《挪威北部的创业者》中有一个部分隐含的主题,是将创业者看作中间人,巴特在后来进一步发展了这个主题。创业者是看到别人无法识别的机会的人。他们愿意冒险,并擅长建立网络。他们在原本不存在关联的地方建立关联,并且能够让其他人看到新的可能性。正如巴特和他的参与者所描述的,创业者通常在经济中发挥作用,但在其中一章中,即埃德海姆关于萨米政治中创业者精神的文章中,这一概念被开放运用,把其他领域的策略性调解也包括进来。在导论章节中,巴特对创业者概念被运用到政治生涯研究表示了一些怀疑,但他仍然将埃德海姆的章节描述为"阐明的杰作"。②

本书中创业者精神涉及的实证领域是挪威北部,"某些一般的生态、经济和文化主题在大多数案例材料中重复出现,限制了其形式的范围,应该被理解为该材料共同的民族志背景"。③ 由于位于北极圈内,该地区在生态上是边缘化的,但是

---

① Alessandro Monsutti and Boris-Mathieu Pétric, 'Des collines du Kurdistan aux hautes terres de Nouvelle-Gulnée: Entretien avec Fredrik Barth', ethographiques. org 8 November 2005. Retrieved 12 August 2013 from www.ethographiques.org.
② Fredrik Barth, 'Introduction', *The Role of the Entrepreneur*, p15.
③ Fredrik Barth, 'Introduction', *The Role of the Entrepreneur*, p15.

就经济来说,它在稀缺性和"克朗代克式"的暴富之间不规则地摇摆。在这两种情况下,渔业是关键。族群性也是一个话题,尤其是在芬马克最北部的县,埃德海姆已经在那里进行了全面的实地调查。他的章节描述了一位萨米政治创业者,他利用萨米人作为土著人民不稳定的特殊情况,以获得政治盟友、客户和选民。

这本书的其余章节,由奥塔尔·布罗克斯、潘恩和鲁迪撰写,这表明卑尔根的一小群人类学家开始扩大其影响范围。在对"东峡湾"和"西峡湾"的比较中,布罗克斯展示了他的本地知识——他在该地区出生和长大,并展示了"东峡湾"是一个原子化和个人化的社会,允许个体渔民有很大的自主权,而"西峡湾"则由一个强大的商人——村主(瓦雷耶伦)控制。布罗克斯后来成为社会主义左翼党的议员(1973—1977年),也是一名活跃的社会研究员,他经常访问卑尔根。他说,在他的一生中受益于巴特归纳、过程性的思维方式。经由罗伯特·潘恩介绍,布罗克斯于1959年认识了巴特。当时,布罗克斯在挪威农业学院(现为挪威生命科学大学)工作,他写了一篇关于他的家乡特罗姆瑟东北的森加岛的文章,请巴特过目。在文本的某处,布罗克斯写道:"社会抗拒变化。"巴特立即对这句话做出反应,指出"社会"自己不能行动。这一明显不经意的评论产生了重大影响。今天,布罗克斯说,与巴特的这次早期会面永久性地改变了他的知识取向,并开始与巴特思想结下终生的不解之缘。

尽管布罗克斯的跨学科背景与人类学无关,但他还是在卑尔根的一个系里当了几年讲师,并有所作为。他出版的作品少于巴特,且大部分都是挪威语写成,但在1966年出版了一本关于挪威南部在挪威北部实行"新殖民主义"的政治书籍《挪威北部发生了什么事?》后,他成为新左派中有乡村和国家倾向的有影响力的"政治声音"。① 布罗克斯也以批判和不偏不倚的方式回应了其他人的研究，成为学术界和其他领域之间的某种渠道。

潘恩在他的章节中描述了沿海"诺德博腾"萨米人社区的创业行为，特别强调了新技术的作用。他区分了两种创业者类型：自由持有人（农民和/或渔民）和自由创业者，自由创业者是一群对与当地人建立良好稳定的关系没有直接兴趣的投机者，因此能够根据可获得的最大利润，在更大程度上转换策略。鲁迪的章节为挪威北部沿海地区的所有权、竞争和稀缺资源的形象增加了一个新的维度，并以类似巴特对斯瓦特的分析的方式，展示了与船只、贸易协定和渔业合作社相关的伙伴关系是如何产生不同类型的策略的，以及从不断增长的业务中获取利润是多么困难。

关于创业者的研讨会结束后仅仅几个月，一个发展挪威人类学研究的新机会就出现了。1962年，布罗克斯刚刚在遥远的北方特罗姆瑟博物馆就职，"他想掀起一番风浪，所以他邀请我们一群人去旅行，从纳维克，穿过罗弗敦群岛，一直到特罗姆瑟"。② 旅行发生在那个夏天，巴特回忆说那是"连续十天阳光灿烂的美妙夏日"。在遥远的北方，阳光明媚的日子也意味着晴朗明媚的夜晚。布罗克斯把卑尔根人类学家介绍给了挪威北部的各个社区和许多有趣的人。然而，卑尔根大学人类学系的成员们的后续研究，似乎并没有跟进这些被介绍的社区和人。

这本关于创业者精神的小而有力的书是以经典的巴特方

---

① Ottar Brox, *Hva skjer i Nord-Norge? En studie i norsk utkantpolitikk* ['What's going on in Northern Norway? A study in Norwegian district politics'] (Oslo: Pax, 1966).

② Hviding, *Barth om Barth*.

式写成的,它高效、专注且出色。首先,巴特分发了一份简短的油印草图,其中他对手头的问题做了简短的描述。在下一阶段,参与者们提交了他们各自章节的草稿,在卑尔根为期两天的研讨会上进行了全面讨论。当修改后的章节提交后,巴特写了导言。

  这本编辑过的书是由斯堪的纳维亚大学出版社出版的,该社是迄今为止挪威最大的学术出版社。如果巴特现在开始他的职业生涯,他很可能会确保尽早与一家较大的英语学术出版社建立稳定的关系。如今,出版商是根据声望来排名的。此外,并非所有出版社都有同样称职的编辑或同样出色的分销和营销能力。斯堪的纳维亚大学出版社主要出版挪威学者用挪威语写作的书籍,没有资格在大型国际会议上亮相。那时,人类学的领域比较冷清,周转较慢,出版的书籍较少,也不太难被注意到。这本关于创业者的选集可能是巴特最不为人知的书,但是在英语人类学中,人们知道它,并且许多人读过它。尽管它与挪威有关,也是巴特使人类学与该国相关联的计划的一部分,但它也是对日益发展的经济学和人类学领域的理论贡献。

  当这本关于创业者的作品出版时,巴特已经在卑尔根待了大约三年,并且已经在那里站稳了脚跟。他积极参与了一个独立的社会科学系的规划,并邀请著名的人类学家在他的大学举办讲座和研讨会。该系成立于1965年,也就是巴特获得教授职位的那一年。早年的学者中自然有埃德蒙·利奇,还有雷蒙德·弗斯,还有彼得·沃斯利、杰拉尔德·贝里曼和阿德里安·迈尔等同事。巴特本人也开始收到邀请,在美国和英国发表重要的主旨演讲。卑尔根大学即将成为一个在国际上引人注目的人类学重镇,如今挪威人类学更是被视为国际(英语)学界不可或缺的一部分,这在很大程度上要归功于巴特在卑尔根的努力。

具有全球影响力的理论家

巴特应雷蒙德·弗斯邀请参加温纳-格伦经济人类学研讨会后，萌生了创业者研究项目的想法。温纳-格伦人类学研究基金会由瑞典商人阿克塞尔·温纳-格伦(顺便说一句，他经常被描述为创业者)于1941年创立，当时以维京基金会的名义成立。1958年至1980年间，在奥地利的伯格瓦尔登斯坦城堡组织了人类学包括生物人类学所有分支的80多次会议和讲习班。巴特被邀请参加了其中的几个研讨会，他提到有人开玩笑地建议，一年最多只能邀请巴特参加一次活动。

雷蒙德·弗斯(1901—2002年)是20世纪英国人类学的重要人物。他出生在新西兰，其首部学术著作是关于冷藏经济学的，当时冷藏技术越来越多地用于货船上，使新西兰能够向海外出口肉类和鱼类。鉴于新西兰地处偏远,新发明的技术具有潜在的重要意义就不足为奇了,冷藏技术与该岛的肉类出口关系密切。弗斯后来成为伦敦政治经济学院马林诺夫斯基的首批学生之一。他的第一部人类学著作《我们,提科皮亚》,出版于1936年,是基于对所罗门群岛最南端的一个波利尼西亚离群点的田野调查。弗斯之后很快成为结构功能主义者抽象模型的最强有力的批评者之一,尽管他总是彬彬有礼且态度温和,但他认为人们的实际行为不一定遵循规范,而是在规范和文化局限、机遇和个人特质之间的空隙中产生。如果这听起来很熟悉,那不是巧合。巴特在弗斯的《社会组织的要素》于1951年出版后不久就阅读了该书,发现自己与弗斯的主要论点大体一致。这两个人对经济人类学也有共同的兴趣。然而,巴特认为他年长的同事的工作缺少一个清晰的分析焦点,他将在接下来的15年里致力于自己发展这样一个焦点。

弗斯在2002年101岁生日前一个月去世,他是利奇的朋友,是马林诺夫斯基的学生,有很明确的专业观点,但他为人随和,在英国社会人类学家这个有时会产生分歧的小团体内部和大西洋彼岸的美国文化人类学家之间都建立了良好的关系网。

由于他的第一个学位是经济学的,弗斯决心进一步发展经济人类学,以马林诺夫斯基早期的贡献为出发点,但使其与经济学学科相兼容。迄今为止,以经济为重点的人类学主要集中研究经济的社会层面,它是通过其对整个社会的贡献来描绘的。经济被简单地视为生产、分配和消费。虽然莫斯在《礼物》中写过个人的策略,但它最大的贡献在于加深了对群体间联盟、社区维护和关系维持的理解。弗斯精通新边际主义(新古典主义)经济学,他希望在人类学中有类似的方法。在人类学中,代理人的动机和他们对得失的计算是至关重要的。最终,经济人类学的两个"学派"形成了,被称为实体主义者和形式主义者。① 实体主义者认为经济是实体的和物质的,即生产、分配和消费。形式主义者认为经济是一种最大化的行为,认为经济过程是代理人之间的交易,而不是系统过程。

在这场争论中,巴特被认为是一个形式主义者,而弗斯希望他站在自己阵营。然而,巴特对个人策略、社会的独特性和特殊性都很感兴趣,回顾过去,他觉得这种对立并不是很有成效。不过,从更为广阔的视角看,经济人类学的这场辩论涉及到人类学中更为根本的区别,以及在社会科学中,以行动者为导向的方法和以系统为导向的方法之间的区别。根据马林诺夫斯基和他的继任者的观点,社会主要是由人类创造的。在拉德克利夫-布朗、列维-斯特劳斯和其他许多人看来,人类主要是社会的产物。很容易看出,这两种观点都有启发性——就像光既可以被看作波,也可以被看作粒子——但是当研究复杂的民族志材料时,研究者必须选择一种方法。你不能面面俱到,你必须决定自己故事的走向。

可以说,正是因为他将巴特看成一位盟友,弗斯才邀请这个挪威人在1963年冬天去伦敦政治经济学院做系列讲座。巴特发表了三次演讲,完善并阐明了他对社会生活的过程性、生成性观点。就在战后,存在主义者萨特提出了"存在先于本质"的口号,②而巴特很可能把这句口号当成了自己的座右铭。对他来说,重要的是把过程先于形式这一点讲清楚。需要解释的是稳定的社会形式的存在——系统、社会、结构——以及它们是如何产生的。最后,巴特将它们视为有意行动和策略项目的副产品。随后发表的这三篇演讲,是迄今为止被称为

---

① Chris Hann and Keith Hart, *Economic Anthropology*: *History*, *Ethnography*, *Critique* (Cambridge: Polity, 2011), pp.55-71.

② Jean-Paul Sartre, *L'Existentialisme est un humanisme* (Paris: Nagel, 1946), p.26.

对生成过程分析或交易分析的观点最清晰的阐述,被认为是他最重要、最具争议的理论论述。

第一个讲座,随后被认为是最有争议的讲座,引入了"交易"作为一个分析术语。巴特以挪威西海岸外的一艘渔船上的情况为出发点,认为船上的特殊身份分布是各方——船长、网头和渔民——策略博弈的结果,在共同的捕鱼活动中,他们都希望成为能力出众的关键角色。巴特提到戈夫曼的印象管理概念,指出行动者如何过度表现某些形式的角色行为,已确凿无疑地表明他们知道自己在做什么。换句话说,他提出了一个关于社会生活的经济学观点,即个人行为的最大化是最终产生社会形态的驱动力。

第二个讲座提出了文化融合的问题,提出了一个群体中的共同规范和价值观是如何产生的问题。这里的重点是就价值进行协商,其中每个参与者对总体机会的情况和机会选择的评估,都涉及价值的常规化,无论所涉及的是商品、服务还是其他稀缺资源。主要的例子来自斯瓦特,但艾德海姆对芬马克政治创业者的研究也被引用,以呈现当不同的价值无法衡量时,围绕价值评估的讨价还价。例如,某个政治家可能认为萨米文化本身是一种不可剥夺的价值,而老牌政党(工党和保守党)的政治家则专注于道路和学校。巴特总结说,目前还不清楚哪一种标准在未来成为主导性规范,事后看来,我们可以补充说,直到今天,萨米人的身份政治和淡化芬马克族群间界限的倾向之间仍在斗争。

第三次也是最后一次讲座讨论了比较的问题。巴特指出,正如他以前所认为的那样,这种比较是自然科学实验的人类学版本。在两个有许多相似之处但某些变量明显不同的社会世界中,有可能研究社会过程,以便用准确的方式探索因果关系。其中两个例子来自巴特在库尔德斯坦和斯瓦特的田野工作,这两个地方都是父系、穆斯林和农业社会。提出的问题涉及在这种社会中形成基于血缘的强大团体的情况。分析似乎表明,当土地集体所有并临时分配给农民时,这种合作群体往往不会成立,因为农民只有使用权,没有私有财产权。这就是库尔德斯坦山区的情况。另一方面,在土地由私人所有并通过父系继承的社会中,会出现强大的团体,并最终形成封建社会。

第三个例子是巴赛里人——一个在其他方面具有可比性的群体(父系,穆斯林,来自同一个民族志地区),表明当资本由牲畜而不是土地构成时,社会组织会变得多么独特。由于人类可以有效拥有的动物数量有一个上限,因此这里不会出现永久的有等级的地位群体,与此同时,环境迫使巴赛里人比库尔德人更大程度地协调他们的活动。

这三个讲座的主要观点是,研究的重点应该从现有社会系统本身,转移到导致特定形式的社会过程上。因此,通过分离决定性的变量和因素,人类学将能够证明一种特殊形式的社会组织是如何出现的。

巴特在这三场讲座中没有明确谈到预测,但是他差点就这样做。我认为,他之所以没有这样做,是因为他承认行动过程中有不可预测的因素。在卑尔根,在演讲之前和之后以及在准备出版的过程中,巴特用他的同事作为试验对象,讨论演讲中的观点。布隆被聘为讲师,主要职责是给在人类学家研讨会现身的极少数学生授课。这是一个令人高兴的决定。布隆是一位头脑清醒、准备充分的讲师,他很快就成长为卑尔根社区受人尊敬的专业权威。

巴特自己尚无正式教职,他仍然只有一个临时职位。然而,这一次,他并不担心没有终身任期,尽管他记得几年前在奥斯陆申请奖学金时曾被拒绝。他现在可以在各种工作机会中挑选。1963年,世界上几乎没有一个人类学系不乐意招募巴特,他虽然是一位34岁的年轻人,但是他的民族志资料全面,对理论和方法有独立见解,显示出相当的学术优势。在他到达卑尔根的几年后,没有人能够怀疑他作为机构建设者的能力,他证明了自己是一名精明的战略家,既了解大学政治的阴谋和错综复杂,又知道如何创造一个激发智识的学术环境。

岁月推移,20世纪60年代,卑尔根的小社区继续发展。这里的优秀学生是从其他学科招募来的。冈纳尔·哈兰原计划在奥斯陆攻读政治学硕士学位,但他辅修了一年人类学后,被埃德海姆对详细的实证材料——只有人类学家才能搞定——的迷恋所打动。根据埃德海姆的建议,他申请转到卑尔根大学社会人类学系。哈兰又从斯塔万格招募了他的朋友和同学赖达尔·格伦豪格,他以前学过德语和语言学。不久,乔治·亨里克森也将露面,他为北极地区的土著人民带来了强烈的政治参与感。一些与众不同的人最终出现在卑尔根,像奥塔尔·布罗克斯和简·布罗格这样的人,他们都是作为公共知识分子发展职业生涯的——在他们的学术生活以外,布罗克斯是社会主义左翼,布罗格是自由意志主义右翼。从21世纪10年代的视角出发,20世纪60年代是学术界仍然愿意接纳怪人的时期,只要他们有足够的专业知识、一些独创性并能够合理清晰地解释问题。布罗克斯以"左派民粹主义者"的身份参与政治,而布罗格的人类学有着强烈的心理因素,有时由于对社会学经典的坚定崇拜而显得奇怪地过时,他很难轻易地适应今天更加精简的学术界。尽管卑尔根在某些方面是独一无二的,但它在西方或北大西洋的任何地方都是典型的省立大学。这所大学的学术质量参差不齐,但在境况最佳的时候,碰上事事顺利,它可能可以与牛津或哈佛一较高低。在社会科学领域,不仅巴特在国际上留下了自己的印记,政治学家斯坦·洛克坎也在很大程度上以他关于欧洲政治中心和边缘的理论为基础,营造了一个具有国际影响力的研究环境。

尽管有新人不断陆续加入,布隆仍是巴特早年的主要交流对象。布隆致力于语言、舞蹈和民间音乐的理性模式,他曾经对我说,他研究的最终目的在于通过研究具体内容来确定推动过程发展的主要形式关系和机制。尽管布隆从结构语言学和符号学中获得了灵感,但他的思想和巴特在伦敦政治经济学院的演讲提出的模型以及由此产生的出版物之间,有着明显的相似性。

十年前,约翰·巴恩斯曾说过:"挪威的社会人类学家一只手就能数得过来。"[1]这种情况很快发生变化。由于巴特在卑尔根有几个可靠的同事,他现在可以自由旅行了。1963年,教科文组织就苏丹可能的客座教授职位联系了他。最终巴特与喀土穆大学签署协议,协议规定他将执教半年,随后进行四个月的田野调查。(实际上,他只需要在野外待两个月。)人类学在喀土穆发展得已经相当不错,它最初是由在苏丹各地做了长期田野工作的埃文斯-普里查德发展起来的。

喀土穆和卑尔根之间的机构合作一直持续到今天,卑尔根大学和发展研究机构米克尔森研究所的几名研究人员最终会在苏丹开展研究。苏丹学生来到卑尔根学习。1973年,苏丹学者阿卜杜勒·加法尔·艾哈迈德进行答辩,系里授予他第一个社会人类学博士学位。艾哈迈德目前与米克尔森研究所有联系,但他学术生涯的大部分时间都是在喀土穆大学担任社会人类学教授。

巴特在喀土穆教授人类学,主要是政治人类学和经济人类学,这期间他将在伦敦政治经济学院的讲座整理成书稿,并准备出版。这个城市还有其他几位欧洲人类学家,巴特对他和伊恩·坎尼森的合作记忆深刻。塔拉勒·阿萨德,后来因对巴特斯瓦特分析的激进批评而闻名,此时也在这里。捷克人类学家拉迪斯拉夫·霍利后来以其关于亲属关系、比较和

---

[1] Harald Eidheim,私人交流。

方法论的著作而闻名,他曾经告诉我,巴特在喀土穆的演讲使他有可能彻底摒弃结构功能主义。

最后,巴特准备好了进行田野调查。他明确要求教科文组织的客座教授职位应包括田野调查,因为人类学家依赖田野调查,他的这一要求得到了满足。巴特在达尔富尔地区找到了一个看起来很有希望的地方。在古老的富尔苏丹国,似乎仍然存在传统政治制度的残余,直到1918年才被英国正式摧毁。巴特在路虎车上待了四五天,然后向西穿过苏丹的萨赫勒地区,到达了与世隔绝的杰贝尔马拉山丘和周围的村庄。到那里后,令他失望的是,他发现古代富尔苏丹国的遗迹一点也没有留下。除了改变主题,他别无选择,这是人类学家可能比大多数局外人意识到的做的更经常的事情。他把注意力转向了经济过程,这也是值得仔细研究的。他立即注意到以种植谷物为生的农民的小屋上有粮仓,并且惊讶地发现丈夫和妻子会填满各自的粮仓。然后,他开始对谷物后来会发生什么感到好奇,这反过来又让他走上了研究经济变化的轨道。

富尔妇女在去市场的路上
(照片经弗雷德里克·巴特和尤妮·维肯许可使用)

游牧的人类学家：巴特的人类学旅途

巴特在达尔富尔短期田野调查期间，结识了一群为联合国粮食及农业组织工作的援助工作者。据他自己所说，他联系他们是为了"一起去买咖啡、巧克力或其他我喜欢的东西"，结果发现他们已经为当地发展设计了一个雄心勃勃的项目。然而，他们在这个项目上不具备人类学的专业知识，"也不知道发生了什么。我在那里待了几个星期，就能够告诉他们一些有关他们正在进行干预的那个农业社会的基本情况"。①

项目负责人意识到巴特的洞见可能会很有价值，希望与他合作。这样，巴特成为粮农组织在达尔富尔的顾问，并获得了该地区经济变化人类学项目的资助。这笔经费将使哈兰得到发展人类学领域的第一份工作。就巴特而言，作为民族志研究地区，非洲从未特别吸引他。次年，他作为挪威驻坎帕拉发展援助代表团的成员访问了几个东非国家，并实地访问哈兰。20世纪80年代，他还和挪威国家发展组织（NORAD）一起去了非洲，但从未回到非洲大陆进行田野调查。

然而，巴特在达尔富尔的这段时期是富有成效的，主要成果是被广泛阅读的文章《达尔富尔的经济领域》②。在这篇文章中，从探索作为社会动力的策略行动、作为中介或桥梁的创业精神，到他在伦敦政治经济学院演讲的生成过程分析，他设法调动他的大部分学术兴趣。这篇文章也清楚地展示了巴特对经济的形式主义观点。

当时有关"经济领域"的文献虽然量不大，但很有趣。20世纪50年代，保罗·博汉南曾写过关于尼日利亚蒂夫人这个方面的文章，在那里不同商品在相对孤立的领域流通。③ 同一

---

① Hviding, *Barth om Barth*.
② Fredrik Barth, 'Economic Spheres in Darfur'.
③ Paul Bohannan, 'The Impact of Money on an African Subsistence Economy', *Journal of Economic History* 19 (1959): 491-503.

领域的东西可以互相交换,但不能交换不同领域的东西。在蒂夫,黄铜棒和昂贵的白色织物在一个领域中循环,因此可以互相交换,但不能用谷物或鸡来购买,因为它们属于另一个领域,文化价值较低。当殖民国家的货币——英镑、先令和便士——被引入时,交换经济领域很快开始崩溃。突然间,几乎所有的东西都可以用钱来支付或购买,尽管劳动力和土地长期被排除在市场之外。

在杰贝尔马拉,经济多元化且欣欣向荣。与周围的干旱地区不同,火山附近的村庄有足够的水灌溉农业,那里从6月到9月一直下雨。那里的居民使用尼罗河-撒哈拉语系中的富尔语,居住在大约有500名居民的村庄里。他们种植小米、水果、蔬菜和一些小麦。此外,他们还有一些动物,主要是鸽子和山羊,以及用于运输的驴和一些牛。并非所有居民都是农民,农产品会在每周开放几次的传统市场上交易。在市场上,人们也可以从流动商人那里购买进口商品,如织物、工具和糖。

小米啤酒是一种颇有争议的商品。一些妇女在市场上出售啤酒,这在道德上被认为是有问题的,不是因为啤酒含有酒精(富尔人是穆斯林),而是因为酿造被认为是一种亲密的活动,妇女只能在家里为丈夫酿造啤酒。

市场领域之外的许多活动也必须被视为经济活动。当一个人需要建造一个新的小屋时——这是经常发生的,它是以一种社区工作的形式完成的。主人自己搭建木屋的骨架,妻子和其他女人一起做泥墙。不过,屋顶是由男人和他的朋友们建造的,上面覆盖稻草。作为对参与者劳动的感谢,主人会邀请他们通宵饮用小米酿制的啤酒。啤酒是房主的妻子酿造的。

因此,杰贝尔马拉地区有(至少)两个明显可见的经济领域,道德上的约束限制了领域之间的转换。然而,与蒂夫的领域不同,达尔富尔的领域没有明确的等级划分。彩礼往往以现金支付(不同于蒂夫人的情况,在蒂夫人那里,传统上只能用女人交换女人),像刀剑这样的名贵物品在货币领域流通。尽管巴特没有这么说,但很明显,包括啤酒和公共劳动力在内的经济领域所涉及的活动,并不是以经济盈利为最大化目标的,而是更隐晦的价值,如道德资本和社会归属感。

如果缺乏技术创新,而且难以进入价格可能更高的偏远市场,那么,在这个领域内,经济增长的机会并不多。对许多富尔人来说,最明显的选择是囤积牲畜出售。牲畜是一项昂贵的投资,但回报(正如在巴赛里人那所见的那样)通常优于农业。另一个选择可能是多种水果,少种谷物。

第三种选择可能是通过扩大劳动力交换啤酒的领域来改变两个经济领域之间的界限。在巴特进行实地调查的几年前,一名阿拉伯商人(可能是巴加拉人)请求获得允许在一个村庄度过雨季,他被分配了一些土地来种植西红柿。他带了大量小米,这些小米是他在别处低价买来的,他的妻子开始酿造啤酒。然后,他开始组织公共工作聚会,不是为了盖房子,而是为了种西红柿,报酬是啤酒。巴特做了一项简单的计算,表明这项活动对阿拉伯人来说非常有利可图。西红柿的市场价值远远超过小米啤酒的价格。阿拉伯人给人的印象是成功的创业者,是创新者,能够在领域之间的空隙中开拓有利可图的市场。

从另一个角度来看,阿拉伯人自然会被视为不道德的人,他们玩世不恭地利用当地社区的道德责任感和当地人与朋友相处的规矩来赚钱。这可能是传统人类学对变迁的看法,但巴特没有悲叹又一个传统社会正在走向市场驱动的现代性,而是兴奋地看到了创造一种变革的生成模式的全新可能性。

回到卑尔根,巴特发现他的情况比以前更复杂,但最重要的是比以前任何时候都好。他似乎无所不能。回国后不久,他与米克尔森研究所就将人类学引入新兴的发展研究领域达成协议,同时开始与挪威国家发展组织合作,为作为发展项目不可或缺的一部分的人类学研究提供资金。人类学研究兴趣主要在北极的乔治·亨里克森,在此种背景下去肯尼亚北部图尔卡纳做了田野调查,并完成了《经济增长和生态平衡》①,这是对注定要失败的发展项目的一个极好的批评。但是正如巴特所说,它没有取得明显的实际效果。后来,巴特还根据与挪威发展组织的协议,招募艾瑞克·让桑来研究东非的发展项目。

巴特从苏丹回来后也恢复了对大学政治的参与。1965年,他终于获得了教授的职位,成立了社会人类学系并成为系主任。社会科学学院将不得不再等五年。学生人数虽然有所增加,但是人类学仍然是一个相当具有神秘感的专业。它是以分散的方式教授的。正如哈兰所说,所有人都去听每个讲座。在最初的几年里,大部分的教学是由巴特和布隆完成的。巴特可以借助他丰富的田野工作经验和分析才华。布隆的课受欢迎,是因他能够捕捉到复杂的民族志材料的精华。研讨会上经常要求高年级学生总结他们最近读过的一篇文章或一本书。通过这种方式,知识的生产成为一种集体尝试,每个人都应该为此作出贡献。按照要求,哈兰和格伦豪格在早期阶段要为教学做贡献——实际上是在他们提交博士论文之前,接着他们会让低几级的学生加入。

然而等级制度是非常真实的。几年后,社会学家古德蒙德·赫恩斯评论说,新几内亚的巴克塔曼人花了两个月的时间才发现这个肤色白皙的高个子生物实际上是人,而不是神,

---

① Georg Henriksen, *Economic Growth and Ecological Balance: Problems of Development in Turkana* (Bergen: Bergen Studies in Social Anthropology, 1974).

但是他家里的学生可能还没有发现这一点。①

20世纪60年代中期，几个高年级学生开始去进行田野调查。在卑尔根，巴特几乎同时收到了两份颇有份量的邀请。在英国，皇家学会刚刚开始了一系列题为"纳菲尔德讲座"的讲座。第一次讲座定于1965年3月由经济学家索洛（后来成为诺贝尔奖获得者）主讲，弗斯成功地说服了这个庄严的委员会，人类学家应该参与第二次讲座。这些讲座的听众是来自不同学科的学者，由于社会人类学不是皇家学会的既定学科，人类学家必须说服其他学科的怀疑论者，这个学科实际上有重要的贡献，而不仅仅是像无情的批评家声称的那样，存在于不可读的二流游记写作中。他们决定邀请巴特，而巴特把这次邀请描述为他生命中的一个高峰，作为一个外国人，他应该被授予英国社会人类学的旗手荣誉。（顺便说一句，将近40年后，他收到了来自德国哈雷的类似邀请）

该讲座于1965年10月举行，题目是"人类逻辑模型和社会现实"。② 它的编排方式明显是针对跨学科的听众。巴特在导言中解释说，社会人类学不同于道德哲学，它不"评论和评价"，而是"发现和记录"。③ 其他人可能会用不同的术语来描述它，在这里，巴特的自然科学理想再次得到体现，但他成功地确定了社会人类学的一个决定性特征：它本身并不是规范性的，这也正是为什么如此多的人被人类学家评论有争议现象时常常保持的冷静和超然的风格所激怒。巴特在演讲的第一段中就揭示了人类学与自然科学的区别，即研究

---

① Hernes, 'Nomade med fotnoter'.
② Fredrik Barth, 'Anthropological Models and Social Reality: The Second Royal Society Nuffield Lecture', *Proceedings of the Royal Society of London: Series B, Biological Science* 165/998 (1966): 20-34.
③ Ibid, p.21.

的对象是有意的、行动的人类,为了理解他们在做什么,有必要解释他们的生活世界。因此,解释和移情——韦伯称之为"理解社会学"——在数据收集过程中以及在随后的分析中都是必要的。

尽管如此,巴特预先假定行动者倾向于以效用为导向,在经济意义上是理性的,社会结构(或者可称之为社会形式的规律性)不能被认为是理所当然的,而是个体策略累积起来的结果。在讲座的主要部分,他为自己的立场勾画了一个谱系,有趣的是,它从埃文斯-普里查德开始,而不是从马林诺夫斯基开始。埃文斯-普里查德在他著名的努尔人研究中,展示了社会系统是如何通过在不同层级上发生裂变式对立实现整合的,从宗族到氏族,具体取决于当时的情况。后来,格卢克曼重新解释了努尔人的材料,认为跨领域的联系也可以缓解冲突。① 由于一个人的社会身份既根植于他的村庄,也根植于他的宗族群体,防止宗族之间发生冲突直接关乎他的利益,否则他就有可能陷入与自己邻居的冲突之中。因此,跨领域的联系加强了社会凝聚力。然而,巴特继续说,应该强调的是,实际情况需要以个人策略为重点进行研究,从人们发现自己所处的各种机会情景来看,行动的逻辑是普遍的,但情况各不相同。

当教授方法论时,人类学家经常强调光听别人说是不够的,观察他们做什么同样重要。在纳菲尔德讲座中,巴特区分了三种数据或模型:(a)法律规则,包括正式的规范、权利等;(b)认知类别,这是我们通常认为的文化的核心部分;(c)互动系统,也就是说,根据个人策略和对他们的限制来看待社会进程。

---

① Max Gluckman, *Custom and Conflict in Africa* (Oxford: Blackwell, 1956), pp.3-12.

纳菲尔德讲座是巴特科学观的浓缩和清晰论证的版本。他对拉德克利夫-布朗和列维-斯特劳斯分别提出的关于无形深层结构的假设深表怀疑，无论这些结构是社会性的还是精神性的。对巴特来说，真理存在于可见和可观察的事物中，只要它被正确理解。但是巴特也预先假定了一些本身不能被观察或检验的前提或公理，即理性行动者的概念，也就是人们通常按照亚当·斯密所说的"理性的利己主义"行事的信念。这一信念在皇家学会的会议上得到了明确表达，是巴特在20世纪六七十年代立场中最有争议的内容。

巴特在纳菲尔德讲座的演讲非常精彩。在场的一名学生，现在是一名经验丰富的社会人类学教授，回忆道：巴特站在讲台上，个子高高的，浓密的黑发在灯光下从他的头上流下来，使它看起来像一个光环。

《社会组织模型》（后简称《模型》）可能是巴特人类学视野中最重要、最广为人知、可能也是最容易被误解的著作。《模型》基于伦敦政治经济学院1963年的讲座，于1966年初出版。从外观上看，它并不是一本特别引人注目的出版物。这本小册子包裹在一个略带灰色的绿色纸板封面里，只有32页大开本密排的内页。20世纪80年代初，当我在奥斯陆学习时，一年级社会学学生需要阅读整本小册子，而社会人类学学生只需要读第一章，关于交易的那一章。这是我作为社会学学生阅读的首批文献之一，对我们这些已经习惯于阅读大多简单、近乎口语化的课程材料的学生来说，遇到巴特这样的枯燥、简洁的写作风格，不能不感到震惊。从那份文献中若想得到什么，除了苦读，别无他法。从一开始，读者就必须想办法来消化其浓缩的表述，例如，"根据一套规则（印象管理的要求），从更简单的权利（状态）规范中可以产生复杂和全面的行为（角色）方式的模型"。[①] 甚

---

① Fredrik Barth, *Models of Social Organization*, p.3.

至渔船上的简单关系也是以一种简洁的、技术性的风格描述的,这样就难以形象化地呈现渔民、船长和网头。五年前出版的关于巴赛里的书更引人入胜。但是《模型》是他最雄心勃勃的理论文本,看起来巴特在撰写时似乎力求字字珠玑。在这方面,他无疑取得了成功,但结果却是学生们不得不像用锤子和凿子一样对付它。

在《模型》中,读者会发现一种尝试:即将社会研究科学化,其前提是避免将社会生活简化为表格和数字。每个认真阅读这本小册子的人都明白,他们是在面对一个思想家,他同时又是严格归纳的——他没有提出任何缺少经验发现支持的主张——和概括的。他在寻找普遍的机制和一些简单但有效的模型,以便能够对社会形式做比较。对此理论模型的一个普遍反映是抱怨交易概念过于突出,把人变成了类似于商学院经济学家之类的东西。因此,许多读者(包括我自己)花了很长时间才理解生成过程分析的含义,在这种分析中,被预见的是社会生活的动态本身,而不是凝固的形式;而社会形式只是在持续不断发展、目标导向的互动中暂时得以维持。

在巴特之前的许多社会科学家都强调策略选择和利益最大化。功利主义这个术语经常被用来描述他们的工作,通常是以一种贬低的方式。巴特最初的贡献主要在生成方面,这是一个前提,即个体策略(a)是在如此多样的环境下采用的,以至于人们几乎必须是人类学家才能理解它,他们(b)在不同的条件下创造不同的社会形式,以及(c)研究的中心任务必须包括解释这种变化。

巴特的模型之后受到广泛的批评,但批评的要点在几年之后才得到发表。首先必须阅读和消化这本小册子。随着历史似乎在1968年向左急转,这些批评就带有政治紧迫性的色彩,这在1963年讲课时或1966年发表时是没有被预料到的。

仅就当下而言,《模型》只是作为巴特对人类学理论最有原则、最彻底和最有计划的贡献而存在。

除了纳菲尔德讲座之外,另一个重要的邀请是在1966年秋季的美国人类学协会(AAA)会议上就社会变迁问题做一次主题演讲,另一位演讲者是马克斯·格卢克曼。两位学者都曾研究变迁过程。格卢克曼是拉德克利夫-布朗的直系学术继承人,他通过关注具体社会的动态,把自己从一些结构功能主义的束缚中解放出来;但他仍然假定存在促进整合的社会动力。巴特更进一步,他倾向于认为社会是一个相当不稳定的实体,总是在形成中。他有时把社会简单地称为策略行动的"综合效应"。据说,格卢克曼在讲座开始之前极度紧张,感觉到他的演讲永远无法与他这位年轻同事那颇具魅力的权威相匹敌。

这将是巴特有史以来听众最多的一次演讲,有几千名听众。标题是"关于社会变化的研究"[1],和前一年的纳菲尔德演讲一样,它原本就是按部就班的。然而,其方法和主题不同。虽然纳菲尔德讲座与《模型》的第一章有很多共同之处,但美国人类学协会讲座与第二章的主题相同,即与连续性、整合性和变迁有关的问题。巴特在这里主要使用达尔富尔的例子,社会系统的稳定至少和它们的变化或不稳定一样令人困惑。他谈到创业带来的变化和个体之间新机会的发现,这往往是环境变化的结果,但他也谈到稳定的机会条件带来的连续性。其他人可能会强调习惯的力量、对安全的需求或既定社会制度固有的惰性和弹性。但是这些都不是弗雷德里克·巴特的观点,他是一个不寻常的人,知道自己在说什么,这得益于他自己与世界的接触体验。

---

[1] Fredrik Barth, 'On the Study of Social Change', *American Anthropologist* 69,6(1967): 661-669.

具有全球影响力的理论家

20世纪60年代中期是巴特职业生涯中最繁忙的时期。他在国内外写作和演讲。在伦敦和美国人类学协会的讲座是最重要的,但他也去了其他地方,并且让卑尔根的交流活动继续下去。1964年,他为弗斯和经济学家巴兹尔·亚梅编辑的一本书撰写了一章关于巴赛里人经济的内容,①同年,他撰写了一篇关于巴塞恩人和俾路支人领地边界的民族过程的文章,发表在乔治·莫根斯蒂纳纪念文集里。② 他还为区域民族志的丹麦读者写了另外两篇关于巴赛里人的文章和一篇关于中东的长篇文章。尽管在苏丹待了一年,但这期间他不再从事田野工作。与此同时,这些忙碌的岁月似乎只带来了成功。这无疑增强了他的信心,但他也发现了一些其他忙碌的人可能会认同的道理,即做很多事情的人总是会找到做更多事情所需的能量——只要他们能在正在做的事情上取得成功。后来,这种现象通过心流心理学得到描述。巴特本人这样描述20世纪60年代中期:

> 那是一个非常丰富多彩、鼓舞人心和富有挑战的时期,发生的许多事情也许可以说让我有点虚荣和自负,因为事情进展得非常快,每次都有成功的可能,我似乎每次都会成功——无论是在研究地、在皇家学会、在美国人类学协会、在社会科学学院的部门和委员会。似乎没有什么能够限制一个人的成就。③

---

① Fredrik Barth, 'Capital, Investment and the Social Structure of a Pastoral Nomad Group in South Persia'.
② Fredrik Barth, 'Ethnic Processes on the Pathan Baluch Boundary', in G. Redard (ed.), *Indo-Iranica: mélanges présentés à Georg Morgenstierne à l'occasion de son soixante-dixième anniversaire* (Wiesbaden: Otto Harrassowitz, 1964), pp.13-20.
③ Hviding, *Barth om Barth*.

对巴特来说,他的野心随着成功越来越大。关于他专注和高效的故事达到了神话般的程度,但事实是,他认为自己基本上是一个相当悠闲、几乎懒惰的人。他必须给自己设定最后期限和目标,并强迫自己去实现它们,这一方面似乎颇为有效。另一方面,如果巴特在20世纪60年代大量的写作和演讲展现了他巨大而持久的能量爆发,那么他在卑尔根的同事们的生产力就明显下降了。卡托·瓦德尔是一个例外,他发表甚多,但却野心不大,最终只发表了挪威语文章。社会学家欧文·汉森曾做渔业项目研究,从未提交一份完成的出版物。布隆没有发表多少文章,但发表了几篇文章,其中一篇是社会语言学的经典文章。后来,约翰·甘珀兹、哈兰、西弗特斯、格伦豪格和亨里克森都将发表专著和文章,但无人像巴特那样雄心勃勃。在卑尔根的公共休息室和走廊里,人们有时会说,尤其是回想起来,大家写东西只是为了放在抽屉里,因为他们害怕弗雷德里克会对他们的业绩说些什么。很难判断这究竟是借口还是解释,答案可能是两者兼而有之。

虽然巴特没能把他的同事变成多产的作家,但至少确保他们做了田野调查。在20世纪60年代,哈兰去了苏丹,西弗特斯去了墨西哥和秘鲁,布隆去了挪威和巴哈马的山谷,格伦豪格去了土耳其和阿富汗,瓦德尔去了纽芬兰,亨里克森去了加拿大的纳斯卡皮(因努),扬瓦尔·拉姆斯塔德去了美拉尼西亚,贡纳尔·索博在苏丹做了田野调查,齐格鲁德·贝伦岑几年后在卑尔根的一所幼儿园也做了同样的工作,而努尔夫·古尔布伦森去了博茨瓦纳,他们在方法和理论上都受过良好的训练,甚至在五六年的时间里,巴特成功地在一所周边的小型大学里建立了一个充满活力的人类学社区,这被许多人所羡慕。

巴特只有三十多岁,但他已经在人类学领域活跃了十五年了,他已经确立了自己作为一个重要人物的地位。因此,

1967年初,当他向温纳-格伦基金会申请资金,组织一个有十几个斯堪的纳维亚同事参加的关于族群关系的研讨会时,申请立即获得批准。事实上,他还被鼓励提出申请。这次研讨会成果最终汇编成册,成为至今仍是世界上被引用最多的人类学文献之一,即《族群与边界》。

族群与边界

　　巴特日常主要从他的同事和学生那里寻求并获得灵感。社会学家斯坦·洛克坎像巴特一样，研究比较模型，但他过去一直从事宏观层面研究，他们相互尊重，但关系拘谨。在卑尔根努力建立社会科学学院时，这所新兴大学的社会科学系的其他"教授创业者"是有用的盟友，但他们与巴特之间并没有学术上的共鸣。哲学家克努特·特兰是一位忠诚的盟友和朋友，但与巴特也不存在学识上的协同效应。人类学家们会觉得与另一位哲学家汉斯·斯克杰特海姆更为亲近，但接触也同样有限。诚然，不同学科的社会科学家在最初几年确实参加彼此的研讨会，但随着他们圈子的扩大和学生群体的巩固，"历史、哲学和人类学学者不再围坐在咖啡桌周围，因为哪里都没有足够大的咖啡桌，我的团队也变得有些传奇色彩,因为我们每天从系里前去帕莱特[咖啡馆],然后再回来"。①

与奥斯陆社会科学家的联系遇到阻碍。巴特对那里日益扩张的人类学社区没有强烈的共鸣,尽管哈拉尔·埃德海姆经常被邀请到山另一边的卑尔根担任考官。在社会学家中,维尔海姆·奥伯特是一个主要人物,他曾短暂地参与过创业者精神项目,和巴特一样对戈夫曼充满热情,似乎对微观社会持有相似的一些观点。但是,正如巴特总结的那样:"奥伯特和我友善相待,彼此都有些腼腆。我们显然是不同类型的学术圈建设者,有不同的学术观点,不同的理论立场,也有大相径庭的政治形象。出于某种原因,我被视为保守派。"②

尽管巴特对数学博弈论、生态学和从韦伯到戈夫曼的社会学思想家着迷,但他从未成为跨学科的创业者。他喜欢参与多学科交汇的场合,但总是扮演人类学家的角色,推广人类学产生知识的方法。

20世纪60年代是西方世界几乎所有地方学术界快速发展的十年,挪威也不例外,没有必要将学科之间的情况视为零和游戏,即一个人的呼吸就是另一个人的死亡。扩张是全面且快速的。到了该十年的后半段,卑尔根社会人类学的教职员工和学生已经达到足够人数,并且在专业和社会层面上都可以相对独立。田野调查在各大州进行,第一个在卑尔根从头到尾学习人类学的人是齐格鲁德·贝伦岑,他于1969年获得硕士学位。

卑尔根的人类学在分析和方法上以如清教徒一般严谨而著称,直言不讳地厌恶广泛的理论和不可证实的假设。在巴特的领导下,他们集体对牛津、法国结构主义和社会学基础薄

---

① Hviding, *Barth om Barth*.
② Ibid.

游牧的人类学家：巴特的人类学旅途

《族群与边界》第一版，1969年出版
（照片经斯堪的纳维亚大学出版社允许使用）

弱的美国文化人类学的结构模型持有批判态度。在这种环境下，熟知这门学科的不同传统，并在经典意义上博览群书，并不会得到赞扬。巴特欣赏的是深入分析经验数据并对特定社会过程进行准确分析的能力。退回来看，这种环境中有些东西可以被描述为智识上的节俭，甚至苦行。学生和同事们煞费苦心地写得简明扼要，表达准确，避免离题，并以一种永远不会偏离原始数据的方式为理论作出贡献。冈纳尔·哈兰1966年的博士论文以60页的手写手稿的形式递交给了秘书。在印刷版本中，它变成了一个49页的小册子，甚至没有多余的逗号。毫无疑问，社会人类学的奥卡姆剃刀版本此时就在卑尔根。

在学生激进运动和女权主义兴起的前夕,除了巴特的模型和他的"交易主义",社会人类学有两个主要趋势在当时颇具影响力。列维-斯特劳斯的结构主义在英语世界越来越广为人知,他的多本著作被译成其他语言。然而,他关于亲属关系的名著直到1969年才被翻译出版。结构主义是一种关于心灵结构的学说,而不是关于社会结构的学说。列维-斯特劳斯本人作为田野工作者是有局限性的——他尝试过,但失败了,但他是一个善学者和大胆的思想家,其思想渊源可以追溯到康德和卢梭。受法国社会学和结构语言学的启发,他发展了一套完整的有关心智功能的理论,相信可以通过对亲属关系、神话和图腾崇拜等现象的经验研究加以证明。

巴特尊重结构主义,认为它无疑是重大学术成果,但并不认为自己可以从列维-斯特劳斯那里学到很多东西。对他来说,结构主义过于知识化,脱离了持续的社会进程和有形的生活世界。然而,生成过程分析和结构主义之间有一些有趣的惊人的相似之处。两者都旨在揭示特定过程中的转化规则。在列维-斯特劳斯的作品中可以看出,例如,当动物、人或特定神话中的事件被结构等同物所取代时,他试图通过比较同一神话的不同版本予以记录。在巴特看来,可以在界定社会过程并给它们特定方向的基本环境中,识别转换规则,因此,财产规则或那些有关继承的管理规则的变化,会导致系统其他部分的变化。在巴特的例子中,普遍性存在于特定的社会过程中,而列维-斯特劳斯对思维的基础条件更感兴趣,他认为这是普遍存在的。

卑尔根对形式关系系统的兴趣,在布隆尤为明显,但巴特也有同感,这也让人想起结构主义。在这两种情况下,目标都是建立一套有助于解释实质性事实的逻辑模型。不同的是,很明显,在巴特的例子中,模型是内在的社会过程,而列维-斯特劳斯的模型是先验的。如果列维-斯特劳斯代表了一种人类学柏拉图主义,那么巴特绝对是一个亚里士多德主义者,脚踏实地。

另一个开始引人注目的趋势是解释人类学。克利福德·格尔茨演讲时巴特在场,后来这场演讲的内容在 1965 年变成一篇著名的文章《宗教作为一种文化体系》。① 格尔茨的观点引起了巴特的兴趣。格尔茨没有通过提及宗教的社会功能来解释宗教,也没有关注权力和支配地位,而是表面化地看宗教的意义内涵,提出了一种让人联想到文学研究的解释方法。格尔茨在文化系统的研究中推荐使用阐释学方法。这个项目受到现象学和博厄斯人类学的启发,看起来可能与巴特更偏好社会学的研究兴趣相去甚远,但他从格尔茨的角度看到了独创性,并赞赏他认真对待本土表征的意愿。就像巴特普遍认为行为就是其声称的那样,格尔茨认为宗教或其他"文化体系"可以用他们自己的术语来完全理解。

巴特的人类学和 20 世纪 60 年代的其他趋势之间也有共同点。格卢克曼的学生 F.G.贝利开始研究印度奥里萨邦的政治策略,并发表了关于欺骗、种姓"攀附"和领导力等问题的文章。亚当·库珀在他广受好评且富有洞察力的英国社会人类学历史研究中指出,贝利发展了"曼彻斯特理论的线索,直到它与巴特汇合"。② 格雷戈里·贝特森从巴特学生时代就以裂变生成概念启发了巴特,现在发展了动态系统理论,该理论中反馈(强化)和负反馈(缺失)都是系统运行中不可或缺的过程。像巴特一样,贝特森在他的思想中主要倾向于过程而不是形式。然而,巴特和贝利或贝特森之间并没有发展出紧密的关系。

---

① Clifford Geertz, 'Religion as a Cultural System', reprinted in *The Interpretation of Cultures* (New York: Basic Books 1973), pp.87-125.
② Kuper, *Anthropology and Anthropologists*, p.158.

当时人类学中的其他趋向似乎与巴特和他的团队不太相关。牛津在60年代中期的大辩论是所谓的理性辩论,它涉及某种形式的理性是否具有普遍性,也就是说不同的人是否以不同的方式进行推理。①巴特认为这场辩论过于哲学化,最后只会走向死胡同,因为在他看来,理性总是根植于当地。尽管如此,很可能有人认为,他本可以在这场辩论中有所贡献,也有所学习。交易模型预先假定了一种共享的、普遍的理性,即一种目标导向的理性,根据该模型,这种理性可以无处不在,即使背景和环境可能大相径庭。换句话说,他不赞成激进的文化相对主义,而是假定了普遍人性的存在。

不久之后,另一种趋势开始形成势头,即马克思主义人类学。它是西方人类学研究的理论基础。马克思的历史变迁理论是进化论和唯物主义。它用一系列阶段来描述人类的文化进化,这些阶段通过技术和财产关系的变化而相互递进。大多数人类学家认为马克思和恩格斯问错了问题,因为他们对文化差异的兴趣微乎其微(这只有部分正确。恩格斯发展了一些关于家庭组织和经济体系的有趣观念,部分是从摩尔根那里借鉴的)。然而,自20世纪50年代以来,一群人类学家,尤其是美国的人类学家,一直在用显然是马克思主义的观点做研究,即使没有这样明说。20世纪50年代,共产主义者不会在美国获得终身教职。像埃里克·沃尔夫和西敏司这样的年轻人类学家完善了他们从朱利安·斯图尔德和莱斯利·怀特那里继承的研究项目,并对创造当代世界的历史进程越来越感兴趣。他们对奴隶制、种植园社会、压迫和反抗感兴趣,在地理上聚焦于加勒比地区和中美洲。

在法国,一种不同形式的马克思主义开始发展起来。它同样受到马克思和结构主义的启发,法国马克思主义者,如非

---

① Bryan Wilson (ed.), *Rationality* (Oxford: Blackwell, 1970).

洲主义者克劳德·梅勒苏和美拉尼西亚主义者莫里斯·戈德利对世界历史兴趣有限。对他们来说，重点项目包括从马克思主义的角度分析和比较生产方式，特别注重基础设施和上层建筑之间的关系。

马克思主义研究项目，尤其是法式马克思主义研究项目，让巴特感到厌烦。这些项目很少涉及他认为科学最精髓的部分——那种由好奇心驱动的发现过程。在他看来，马克思主义者往往事先就有了答案，所以实际的研究只不过是一个连点成线的练习。至少有一次，在瑞典隆德以马克思主义为取向的院系里举办的一场研讨会上，巴特愤怒地大声说道，学生们根本不必去野外，他们似乎已经知道了所有答案。

相比之下，巴特对当时从达尔富尔归来的哈兰的材料很感兴趣。在杰贝尔马拉地区，两个群体——富尔人和巴加拉人——共存。由于巴加拉人是说阿拉伯语的游牧民族，所以两个群体之间的边界是明确的，但是在特定的情况下，有可能跨越边界，这样，富尔人也可能变成巴加拉人。正是和哈兰就他在达尔富尔田野工作的谈话，给了巴特召开一个研讨会的想法，旨在促成一次联合出版。

1967年在卑尔根举行的种族问题研讨会的与会者大多是挪威人，但也有少数来自其他斯堪的纳维亚国家。巴特提前发布了一份松散的理论概要，就像他前几次做过的一样。他自己说，活跃而富有成效的研讨会背后的秘密在于分发一份粗略、不完整但诱人的邀请，这可能有助于激发参与者的学术创新。

十一名人类学家参加了研讨会，一位来自奥胡斯，两位来自哥德堡，另一位来自斯德哥尔摩，三位来自奥斯陆，四位来自卑尔根。所有提交的论文草稿都被提前分发，但只有七人提交修订版以供出版。

大多数主要的民族志地区都派代表出席了研讨会，而这

族群与边界

本书的特点就是其涵盖范围的广泛性。卡尔·伊齐科维茨写的是老挝的民族关系，西弗特斯写的是墨西哥恰帕斯的边界过程，卡尔-埃里克·克努特松写的是埃塞俄比亚南部漏洞百出的边界，扬·佩特·布隆写的是挪威南部山区农民和河谷农民，哈兰写的是富尔人和巴加拉人，埃德海姆写的是挪威人和萨米人。最后，巴特自己贡献了一章关于帕坦人身份认同的自然和族群的边界的内容，以及随后那篇著名的导言。

人类学家和其他社会科学家早就撰写了关于族群的著作和文章，芝加哥城市社会学学院自第一次世界大战以来，始终在研究当地的族群关系。利奇撰写了关于克钦和掸邦之间的界限以及如何超越它们的文章。格卢克曼和他的合作者在20世纪40年代撰写了关于族群混合的城市景观中族群刻板印象和社会距离的程度的文章。此外，人类地理学家J.G.弗尼瓦尔和人类学家M.G.史密斯写了20年关于"多元社会"的文章。最后，在20世纪60年代出版了一系列书籍，作者大多是美国社会科学家，他们认为"美国大熔炉"的早期现代概念至少应被修改。即使移民的孙子孙女不再能说祖父母的语言，但仍对他们的族群存在强烈的认同感。[1] 他们引用利奇和格卢克曼的话，但和往常一样，巴特没有花太多的时间讨论别人的研究，而是把精力集中在理清自己的观点上。

导论中最新颖、最反直觉的观点是族群差异不对应文化差异。尽管利奇，还有格卢克曼，也同样暗示了这一点，但巴特以最清晰、最具争议性的方式阐述了这一观点。关键概念是"边界"，这里不是从文化边界来理解，而是从社会边界来理解。因为互动减少了，而且这些边界往往受到严格限制。边

---

[1] Thomas Hylland Eriksen, *Ethnicity and Nationalism: Anthropological Perspectives*, 3rd edn. (London: Pluto, 2010) for a fuller presentation of early research on ethnicity.

123

界变得清晰可见,群体双方保持着对彼此的刻板印象。这并不关涉客观文化差异,而是关于对具有社会意义的文化差异的看法。布隆、埃德海姆和哈兰在他们的章节中揭示了为什么这是一个重要的见解。

埃德海姆的章节,是除了巴特的引言之外,被引用最多的一章。这章揭示了沿海萨米人由于被污名化,在公共场景中被忽视贬低。政治上占主导地位的挪威人认为萨米人肮脏、酗酒、无知。尽管挪威人和萨米人之间几乎不存在明显的文化差异,尤其是在公共场合,但两者的族群边界却依然分明。非正式网络、婚姻和政治的联盟依据族群身份形成,很少跨越这一界限。

有趣的是,布隆的章节展示了埃德海姆论点的镜像和逻辑含义。他比较了挪威某地的山地农民和山谷农民,表明他们在文化上存在很大的不同,部分的原因是生态适应性的不同。然而,他们自己和周围的人都认同他们属于同一个族群,例如,高地人和低地人之间的婚姻没有受到任何阻止。①

哈兰的章节,基于给巴特举办研讨会灵感的研究,呈现了定居的富尔人和游牧的巴加拉人之间的关系。对任何记得21世纪初达尔富尔大屠杀的人来说,这是令人不安的阅读。喀土穆政权利用说阿拉伯语的巴加拉人作为雇佣军,不仅在达尔富尔,而且在南苏丹独立之前,他们都被赋予更广泛的权力杀害、恐吓和征服那些顽强抵抗的地区。然而,在1960年代,基于经济互补性,两者之间的关系是和平的,因为这种情况在牧民和农民比邻而居的社会中很常见。生计方式将一些人定

---

① Jan Petter Blom: 'Ethnic and Cultural Differentiation', pp.75-85; Harald Eidheim: 'When Ethnic Identity Is a Social Stigma', pp.39-57; Gunnar Haaland: 'Economic Determinants in Ethnic Processes', pp.58-74, all in Barth (ed.), *Ethnic Groups and Boundaries*.

义为富尔人,另一些人定义为巴加拉人。因此,如果一个富尔家庭获得足够的牲畜成为完全的游牧人,他们就会慢慢地将自己的族群身份转变为巴加拉人。

在《族群和边界》出版几十年后的今天,书中的大部分内容听起来近乎琐碎,但它第一次出版时却产生了深远的影响。巴特在他的引言中强调,货物、观念和人员可以跨越边界,尽管有跨界流动,但边界依旧存在。无疑是受角色理论的启发,他还指出,族群性既是必要的,也是情境的。它不能随意被放弃,但它在一些情况下是有意义的,而在其他情况下则没有意义。换句话说,正如埃德海姆曾经说过的,族群是一种关系的一个方面,而不是你内心的某种东西。当贝特森说他没有五个手指,而是四种手指之间的关系时,他表达了同样的思路。①不是内部的东西,而是之间的东西,创造了社会生活、身份认同和令人类学学者兴奋并加以探究的话题。利奇在一篇关于斯里兰卡定量调查的文章中说了基本上相同的话:我们在社会人类学中研究的最小实体不是单个个体,而是两个个体之间的关系。②

导致族群性产生的是接触,而不是隔绝;是那些在社会上产生实际效果的因素,而不是实际的文化差异,促成了族群性的重要。巴特回顾道:

> 我们记录了人们在压力下或由于生态变化而改变其族群身份认同的情况,或者他们在作为少数民族的情况下,通过注意自己的言行举止来拒绝专有的文化差异,因

---

① Gregory Bateson, in Nora Bateson's film *An Ecology of Mind: A Daughter's Portrait of Gregory Bateson* (Bellingham, WA: Bullfrog Films, 2011).
② Edmund R. Leach, 'An Anthropologist's Reflections on a Social Survey', in D.G. Jongmans and Peter Gutkind (eds), *Anthropologists in the Field* (Assen: van Gorcum, 1967), p.79.

为这样的文化差异可能被赋予族群意义。①

事实上,这本书表明,族群性不能被有意识和本能地加以选择,它却可能被策略性地加以操纵。

这种关于族群性的严格的社会学视角,将文化内容视为一种不总是与互动相关的资源,在环境允许或规定的情况下,这种资源可能会交流不足或过度,这种观点已被证明对后来关于族群关系和具有集体特征的群体之间关系的研究具有极大的激励作用。比起过去,身份开始被视为更具可塑性和延展性的存在,像变色龙一样灵活多变。在20世纪70年代及之后,族群过程研究成为人类学家的一项主要活动,这不完全是因为《族群与边界》,但这本书确实发挥了重要作用。与此同时,应该指出的是,巴特的族群观也提出了一些没有得到回答的问题。边界的概念是如此关键,以至于它成为本书标题的核心,该书出版后,它成为许多讨论的主题。一些人建议用不太明确的边地(frontier)概念来取代边界概念,因为根据边地概念,内外界线是模糊的,作为成员的标准也没有那么绝对。② 关于这一反对意见,也有人指出,《族群与边界》的作者没有一个人讨论例外情况,即混合继嗣或多元文化身份的人,他们可能处于是与不是之间,他们可以既是甲也是乙,也可以兼而有之。在后来的几年里,许多巴特理论的继承者给予了这些反常族群现象应有的关注。

更为根本的反对来自马克思主义者和其他人,他们声称巴特和他的合作者淡化了导致特定族群的身份、等级和格局产生的结构性原因——经济、政治、历史。这个说法既正确又有误导性。正如在他的其他分析中一样,巴特提到了提供约

---

① Fredrik Barth, 'Sixty Years in Anthropology', p.10.
② A.P.Cohen, *Self Consciousness* (London: Routledge, 1994), pp.121-122.

束和机会的情境条件,但一如既往,焦点完全集中在人及其充分利用所处环境的能力上。研讨会的其他论文作者,以及随后出版的书,也遵循了类似的思路。没有人认为把人们描述得好像在历史真空中行动是有用的。

后来大多数关于族群人类学的研究都以巴特的引言作为出发点,历史学家、社会学家、社会哲学家和其他写这一领域的人也经常引用这一章节。这本书被广泛翻译传播,在墨西哥出版的西班牙语版对拉丁美洲的研究产生了持续而深刻的影响。这本书是该领域的基础文本。

巴特为人所熟知的行动者取向,在其关于族群的书中也很清晰。一个简短的例子可以说明为何这对于他来说是一个主动的选择,而不仅仅是像他有时暗示的那样,是自然而然地从实证材料中产生的。可以想象一位混合族裔的人,处在这样一个社会中,两个或几个群体之间理论上相互排斥的族群性对比是至关重要的。此人可能都是/都不是。在我对毛里求斯等种族复杂社会的研究中,我认识许多属于这一类的人,我曾经认识一个一半克里奥尔人、一半泰米尔人的毛里求斯人。他有天主教的名字和泰米尔的姓氏。他参与了小规模的商业和政治活动,有一次向我解释说,他是如何在某些情况下格外突出地表达自己的天主教身份,而在其他情况下,他又如何格外突出地表达自己的泰米尔身份。换句话说,可以把他描述成为一个典型的创业者——如果我们同意这个术语可用于经济学以外。他从其他人可能认为的制约因素中看出了可能性。

在《族群与边界》出版的时候,巴特代表了社会人类学中一种明确的立场,与涂尔干之后对社会凝聚力感兴趣的人相比,他被广泛理解为一个关注能动者的韦伯式个人主义者。在巴特出版《社会组织模型》的同一年,还有一本书出版,这本书将对人类学和其他领域产生巨大的影响,并恰如其分地体

游牧的人类学家：巴特的人类学旅途

现这种对比。这本书是《纯净与危险》，作者玛丽·道格拉斯。[①] 道格拉斯曾与埃文斯-普里查德一起学习，并持续捍卫结构功能主义的主要特征，直到她于2007年去世。在她看来，社会创造了人，而不是相反。在《纯净与危险》中，她多次谈到非正常现象，即不符合既定分类体系的现象。这些现象在某种程度上既是"非此非彼"又是"亦此亦彼"：比如会飞行的哺乳动物，不反刍的偶蹄类动物，以及可能有点泰米尔人特点、也有点克里奥尔人的特点、在任何分类体系中都找不到归属的人。在道格拉斯的命名法中，他们变成了异数；而在巴特那里，同样那些人却成为潜在的创业者。这两种观点都有助于了解像我的毛里求斯朋友这类人的情况。当你离开你的房子或桌子去发现"那里有什么"时，你会发现什么，这在很大程度上取决于你用什么样的概念工具去观察。

这并不是一个微不足道的见解，而且将巴特的学术发展与他自己的传记和个性联系起来阅读，很容易发现联系。俗话说，需要通过一个人来认识另一个人，人类学家也是如此。

巴特的学术立场是通过他和田野之间的一种对话逐步形成的，是从他在库尔德人、帕坦人和巴赛里人（在达尔富尔和莫尔人那里的田野工作太短，这里不算）中的主要田野工作经历中发展起来的。在库尔德斯坦，他遇到了一个居于国家权力外围的部落民族，在那里，男人的荣誉取决于他们保护自己、妇女和儿童的能力。库尔德农民和酋长必须负起责任，不能丢脸，控制他们的下级，做出正确的决定。在斯瓦特，他会见了一些领导人，这些领导人在面对棘手复杂的情况时被迫做出快速决定，他们绝不会允许自己休息或休假，以免有人利用他们一时的疏忽。在巴赛里，巴特遇到了一个最崇尚自由

[①] Mary Douglas, *Purity and Danger: An Analysis of Concepts of Pollution and Taboo* (London: Routledge & Kegan Paul, 1966).

和流动性的民族。他们不受固定财产的束缚,过着迁徙的生活。

很容易看出,弗雷德里克·巴特能够以和而不同的方式与库尔德人、帕坦人和巴赛里人产生共鸣,并且从他们身上学到一些东西。他的文章有时可能像羊皮纸一样枯燥,但专著充满活力,以一种近乎亲密的方式写成,对行动者有明显的同情心,对细节一丝不苟。巴特本人是一个有荣誉感的人、一个库尔德斯坦的阿尔法男性、一个帕坦祖先的战略策划者、一个禁欲主义的游牧民族,他从来不带他认为多余无用的行李。巴特组织了关于创业者的研讨会,这绝非巧合。

这本关于族裔的书很轻易地在书架上找到它应属的位置,紧邻巴特之前的著作,它条理清晰、准确,分析敏锐、简洁,专注于社会过程和行动个体。然而变化在即。从主观上讲,族群认同不仅仅涉及社会边界过程和文化作为资源的策略性使用。它通常也主要是关于意义:食用同样的食物,欣赏同样的笑话,共享一些庄严和快乐的时刻、气味、童年记忆和音乐喜好。简而言之,人们有意义的共同点是通过在同一个地方紧密生活在一起而发展起来的。在《族群和边界》的导言中,巴特把这种内容称为"文化素材"而加以排除或者悬置,严格地说,只要它能发挥作用,它就可以是任何东西。但在实践中,他提到了斯瓦特和其他地方的几个例子,说明族群身份特征主要不是工具性和实用性的,而是情感性和有意义的。[1]

族群研讨会结束后不久,巴特决定改变他的关注点。第二年,他来到新几内亚,不是为了研究策略行动者和理性人,而是为了试图深入理解一个异域知识体系。

---

[1] Fredrik Barth, Introduction, *Ethnic Groups and Boundaries*, e.g. p.24.

第二部分　知识人类学

巴克塔曼共鸣

到目前为止,我觉得自己在理性、策略、行动者和选择之类的事情上已经研究了够久。我还认为自己研究生态、经济和政治已经够久了。对人类学的兴趣也越来越转向符号和仪式以及宗教和价值,我想尝试将经济价值观念转变为深刻的文化分析,我想把我整个职业的重心转移到我当时所说的故事的另一半。不是人们做什么,如何与世界关联一体,而是人们如何思考,如何塑造世界。[1]

1968 年,距离巴特进行长期的实地考察已有十多年。他曾在一艘渔船上研究达尔富尔的经济领域,但自巴赛里以来,他再也没有从事过那种可以为方法论研讨会提供趣闻轶事、成为专著以

---

[1] Hviding, *Barth om Barth*.

及为理论文章提供案例的大规模人类学田野工作。他需要让自己接触一些新的东西。巴特很少提到漫游欲是他职业生活中的一个激励因素,但那一定是因为他认为这是理所当然的。因为很难想象,如果他没有对这个世界保持永不满足的好奇心,没有被旅行的欲望所驱使,他会暴露在异国他乡带来的许多匮乏、不适和挫折中,而这种欲望最终是由对这个世界充满潜在的新体验和新见解的认识所引起的。巴特在这方面是一个不典型的社会科学家,但是他的这种生活品性也使他成为真正人类学家中的翘楚。同事有时会说有三种人类学家:在一个地方做过田野调查的人类学家,在两三个地方进行过田野调查的人类学家,还有就是弗雷德里克·巴特。

1968年,巴特和新几内亚巴克塔曼人的成人礼导师基姆博诺克(Kimebnok)
(照片经斯堪的纳维亚大学出版社许可使用)

巴特总是通过旅行和沉浸在新的陌生环境中发展自己的思维,提升自己的智识。在他漫长的职业生涯中,只有在少数情况下,是通过阅读同道们的著述从他们那里汲取灵感,让自己另辟蹊径。此类事发生在他遇见了利奇、在剑桥大学图书馆偶遇一本博弈理论的书、发现戈夫曼的角色分析之时。除了这些,他作为一名国际知名的学者,异乎寻常的独立。在他的文章和书籍中,他的参考书目仍然很少,几乎从不讨论其他学者的著述。他深入研究自己的实证材料,然后作出密切结合数据的分析,指向可能具有人类普遍性或至少有益于在不同社会加以尝试的一些东西。巴特在卑尔根的权威是毋庸置疑的,但他不在智识上自命不凡,而是仍然忠于自己的自然主义理想——最初是从尼科·廷伯根那里拾得:"观察和思考。"他现在仔细查看世界地图,寻找一个完全不同的、充满挑战的地方。他已熟知从伊拉克到巴基斯坦的地区,但对非洲的兴趣较小。美拉尼西亚对他来说很有诱惑力,而且有深刻的含义。

人类学家长期以来一直在研究美拉尼西亚的许多岛屿以及新几内亚的沿海地区。就在 20 世纪初,跨学科的托雷斯海峡探险队的成员研究了托雷斯海峡群岛的美拉尼西亚人,并且,如怀特·里弗斯和阿尔弗雷德·哈登这样令人尊敬的人物,发表了关于亲属关系、图腾崇拜和美拉尼西亚文化其他方面的著述。马林诺夫斯基后来在托布里亚群岛做研究,而法国传教士莫里斯·李恩哈特与新喀里多尼亚的卡纳克人相处多年,随后出版了几部优秀的民族志著作,玛格丽特·米德、格雷戈里·贝特森和其他许多人在两次世界大战之间沿着美拉尼西亚海岸进行了研究。至于新几内亚的内陆和高地,情况就大不相同了。这些地区很难进入,有陡峭的山脉、茂密的森林和狭窄的山谷。长期以来,人们普遍认为新几内亚内地无人居住。直到 20 世纪 30 年代,包括沿海美拉尼西亚人在内的外部世界才清楚地认识到,内陆地区居住着数百个小群体,其中大部分是种植块茎、香蕉并养猪的农民,他们说的语言与主要语系无关。到了20世纪60年代,新几内亚高地已经成为人类学领域中勇敢无畏者的一个领域,关于该地区的文章开始增多。罗伊·拉普波特去那里写了一篇关于采姆巴嘎人的迁徙和周期性宰猪的生态学分析,安德鲁和玛丽莲·斯特拉森夫妇(后来离婚)则撰写了关于哈根山地区的权力、血缘和性别的著作。罗伊·瓦格纳对符号和宇宙观感兴趣。莫里斯·戈德利以结构马克思主义的角度就生产方式著书撰文。很快,更多研究成果涌现。人们普遍认为,这个地区对西方人类学家来说既迷人、多样,又颇具高要求、挑战性。

在新几内亚高地,你进行田野工作时没有任何安全保障。你可能需要几天,有时几周的时间才能去最近的商店买一罐可乐和一包过滤嘴香烟。决定在新几内亚内地进行实地考察的人也必须从头开始学习这里的语言。这些语言不属于南岛语,大多数人不会说托克皮辛语——这是一种以英语为基础的克里奥尔语,是巴布亚新几内亚的通用语言。既没有灵格风课程,也没有字典。有望从事这项研究的人还必须准备在没有电、自来水、电话和商店的情况下,在田野工作一两年(某些院系认为在这样一个高要求的环境中,两年是必须的)。巴特非常想去这个地区,他渴望做一些困难的事情,能够向前迈进。

温纳-格伦基金会再次提供了支持。他们资助了对该地区的踩点旅行。巴特去了新几内亚、新喀里多尼亚、新赫布里底群岛(现在的瓦努阿图)和斐济的部分地区,然后他去了夏威夷,去拜访贝特森,贝特森当时正在夏威夷忙于研究海豚的交流。旅行结束时,巴特决定在低地和高地交界处的一个地区进行实地考察,该地区位于福莱河流域的北部,与新几内亚的印度尼西亚部分伊里安查亚接壤。在巴特的实地考察中,这个复杂而神秘的岛屿的东部被澳大利亚管理,直到1975年才独立。

巴克塔曼共鸣

在1967年的旅行中,巴特访问了澳大利亚,在那里他与语言学家斯蒂芬·伍尔姆交谈,后者通过自己的研究对新几内亚了如指掌。巴特已经决定去奥克泰迪地区,并问伍尔姆这是否是一个困难的任务。伍尔姆用悲悯的眼神看着他,说道:"好吧,我知道新几内亚的一个地方可能更糟糕。"①

在这个崎岖、潮湿、杂草丛生的地区,道路很少,大多数村庄汽车都无法到达。幸运的是,当地中心奥尔索比普有一个简易机场,这是巴特第一次到达的地方。他认识了一个叫努拉彭的年轻人,他小时候在巴克塔曼人中间长大,和他们一起生活了有五六年,因此他既能说巴克塔曼-费沃尔语,又能说托克皮辛语。巴特雇佣了努拉彭,他们一起去巴克塔曼定居点走了一段相对短暂但却令人筋疲力尽的路。

巴特带的东西越少越好。如果他带着丰富的物质财富来到这些人中间,他们可能会引起一场货物崇拜,一种新宗教运动,其明确目标是通过仪式和魔法手段获得大量"货物"(来自现代世界的货物)。那样的话,整个研究项目就会失败。巴特找到巴克塔曼人正是为了研究他们的仪式生活和宇宙观,他想要尽可能减少噪音和干扰。所以他只带了30公斤盐、女性手工艺品玻璃珠、几把备用的砍刀和斧子、一条毯子和一个水桶。盐是新几内亚高地非常常见的传统交换媒介,经常被用作货币。

如上所述,巴克塔曼人生活在高地和低地之间。一般来说,猪和西米划定了边界。高地人饲养大量猪,而低地人种植西米棕榈。除了这种差异之外,高地和低地的人们都从事几乎相同类型的园艺,以芋头等块茎作物为主,辅以一些狩猎和野生水果采集。面包果和番石榴尤其受欢迎。

---

① Hviding, *Barth om Barth*.

游牧的人类学家：巴特的人类学旅途

　　巴克塔曼人的领地覆盖了海拔约 500 米至 1,000 米的区域，他们的村庄就在那里，甚至可能一直延伸达到 2,000 米的山区。他们确实种植了一些西米，但这不是一项主要活动。相反，西米需要 15 年才能长得足够大，可以收割，因此它是一种储备粮，只有芋头作物欠收时才会使用。他们也养猪，但规模有限，而且与周围地区的野猪种群几乎共生。巴克塔曼人饲养的所有公猪在年幼时都被阉割，这意味着它们依赖捕捉野猪来为母猪受精。

　　183 名巴克塔曼人除了巴克塔曼-费沃尔语以外，不会说任何其他语言。[1] 巴特估计，他们能够"或多或少流利地与 1,000 名说相同或相近方言的人交流"。仅在巴特到达前四年，澳大利亚巡逻队就与他们联系并"安抚"了他们。此时的"安抚"意味着，澳大利亚人威胁说，如果他们继续进行战争和猎取人头，就开枪打死他们。

　　这片热带山地森林与巴特之前在田野经历过的所有事物都截然不同。新几内亚位于华莱士线以东，华莱士线是东南亚与海洋动植物族群之间的分界线。森林中栖息着稀有的有袋动物、大型蜥蜴，尤其是令人恐惧的、好斗的食火鸡，一种类似鸵鸟的像人一样大的鸟类。奥尔索比普被认为是地球上最潮湿的地方之一，每年降雨量约为 10,000 毫米。在早期的田野调查工作中，巴特感染了皮肤真菌，他回来后花了几年时间才治愈。空气中几乎到处弥漫着霉菌和腐烂的气味，几乎没有不下雨的日子，但是巴克塔曼人为自己开辟的空地非常肥沃，非常适合园艺种植。

　　在前往新几内亚之前，巴特已经决定改变他社会人类学的研究路径。他后来将这个新计划称为知识人类学。简而言

---

[1] Fredrik Barth, *Ritual and Knowledge among the Baktaman of New Guinea* (Oslo: Universitetsforlaget, 1975), p.16.

之,它需要从内部描绘和描述本土知识体系及其世界观,以便更好地理解人们的行动路线。自然,人类学家从一开始就对世界观和知识体系感兴趣。此外,20 世纪 60 年代末,两位读者最多的人类学家也写了这方面的著作。列维-斯特劳斯的结构主义利用小群体和无国家民族的知识、神话和分类作为一种手段来发展关于心智运作的一般理论,而芝加哥(后来在普林斯顿)的克利福德·格尔茨则在忙于发展他的解释人类学,其灵感来自大陆模型学者,如社会现象学家阿尔弗雷德·舒茨和哲学家保罗·利科。

巴特的方法与众不同,部分原因是他不相信结构主义和文化解释学,因为它们没有充分考虑到社会行动,另一部分原因是他总是寻找空白的生态位和替代的视角。格尔茨、列维-斯特劳斯和许多其他同时代的人认为社会投射到世界上是理所当然的,也就是说,我们的世界形象是由我们文化世界中产生的概念和范畴所决定的。巴特尝试颠覆这种观点,并作为一种假设提出,外在于我们的世界以其具体的物质性,也可以塑造社会和社会范畴。

在巴特看来,列维-斯特劳斯结构主义过于僵硬,格尔茨解释学过于松散。列维-斯特劳斯倾向于用一种风格化的结构模型来让他的分析完美,这种结构模型是永恒的和非历史的,包含了其下丰富的经验和感知世界。在格尔茨看来,发现的过程包括积累关于"当地的文化习俗"事实,并且希望一个固有的系统会逐渐形成。[1] 补充一点,格尔茨和巴特一样具有系统性,但他寻找的是不同类型的模式。巴特忠于他的科学理想,决心以自己的方式完成这项工作,把他自己的理解尽可能贴近行动者、他们的解释和他们的行动,以便洞悉仪式对他们而言真正的意义。以本土视角为出发点,他会试图找出仪式

---

[1] Fredrik Barth, 'Sixty Years in Anthropology', p.10.

的哪些方面能够使它们表达其内在的意义内容。

巴特对意义和宇宙观的兴趣并不完全是新的——尽管它与政治和经济貌似相去甚远。哈兰告诉我,当巴特1965年在野外拜访他时,对一个在仪式中进入出神状态的女人产生了兴趣。哈兰并不太注意这件事,因为他在达尔富尔研究亲属关系和经济,但是巴特认为充分理解这件事是重要的。他现在有机会了——虽然是在不同的大陆。

在其他从事仪式和仪式符号研究的人类学家中,维克多·特纳可能是与巴特的观点产生共鸣最多的人。特纳(1920—1983年)最初是格卢克曼的学生和同事,但于1961年移民到美国。起初,他主要从结构功能主义的角度分析仪式,展示它们如何通过创造共态(情感共同体)来促进社会融合,并以意义渗透周围环境。他后来对意义和象征本身更感兴趣,而不再仅仅通过它们的社会表现和影响来研究。特纳曾在当今赞比亚的恩德姆布进行过研究,他似乎与巴特当时的努力有关,巴特在田野调查之前和之后都关注过特纳的研究工作。

巴特曾几次告诉他在卑尔根的研究生和新同事,除了努力学习当地语言之外(这是自然的),在从事田野工作前尽量少阅读,这是一种美德。这样,你会避免被该领域普遍认同的方法污染和带偏,并且能够待之以开放的心态和公正的眼光。

这种态度有可取之处,但同时必须指出,作为非洲人类学的重大课题,美拉尼西亚的大部分研究都关涉社会性别、继嗣和共同群体,研究拉丁美洲的几代学者都围绕种族、暴力和文化混合写作,这些并不完全是巧合。显然,对人类学家来说(不仅仅是对当地人),他们周围环境——例如在进行田野工作时——的具体物质性,可能会影响他们的感知。巴特确实读过关于这个地区的书,但相当不系统,当他到达巴克塔曼的主要村庄时,他绝不是一个成熟的美拉尼西亚专家。他对将

巴克塔曼共鸣

会遇到什么几乎没有具体的概念。

他遇到的第一件事就是无聊。他从来没有说过他以前的任何一段田野工作是乏味的,但是谈到他在巴克塔曼的十个月,他承认时间有时过得很慢。巴特曾去新几内亚体验石器时代,很快意识到在这种社会里,从第一天到第二天几乎没有新奇的事物。

> 令人奇怪的是,最非凡的人类生活在两周之后变得平庸,而你甚至无法体验它是多么的奇异和不同……[因此],我坐在巴克塔曼人中间,他们过着充满活力的仪式生活,然而,过了一会儿,我觉得这无聊透顶。[①]

20世纪60年代末,人们还不知道新几内亚的人类定居点有多古老。专家们假设人类已经在高地生活了大约几千年。然而后来的考古发现和脱氧核糖核酸测试表明,这个地区四万多年前已经有人居住了!他们从事灌溉园艺至少有一万年,可能更久。换句话说,我们谈论的是社会变化速度如此之慢的社会,难以想象。顺便说一句,这种情况会改变。如果巴特用他的美拉尼西亚经验等15年,他会遇到一个变化非常迅速的社会。

自从巴特进行田野调查以来,奥克地区已经发生了巨大的变化。巨大的奥克泰迪金矿和铜矿经过多年的勘探后,于1984年开始开采,距离巴特所在的巴克塔曼村落仅几天的路程。许多生活在巴布亚两条最大河流,即赛普尼克河和弗拉河之间的分水岭附近的狭窄山谷中的小部落,因此暴露在有酬劳动、大规模生产的消费品和氰化物中毒中。他们被迫成为公民,有些人离开了他们的村庄。巴克塔曼人参加当地的足球锦标赛,一些人已经成为矿工。

---

① Hviding, *Barth om Barth*.

1968年，巴克塔曼人既不懂钱也不懂写作。他们拥有一些通过易货获得的金属工具，但是他们对外部世界的了解极其有限。巴克塔曼人只有183人，分工因性别而异且有限。男女都在花园里工作，但很少同时工作，只有男人参加狩猎。男人和女人住在不同的茅舍里，彼此接触有限，似乎不足以生育孩子。1968年的时候，在这183个人当中，有82人是孩子。他们中只有6个人至少有一位在世的祖父母，将近一半的人失去了父亲或母亲，甚至父母双亡。换句话说，预期寿命不是很长。巴特做了一个快速估算，在所有已知死亡中，约有三分之一是由暴力造成的，其余许多人死于可以通过现代药物轻易治愈的疾病。这个社会在可持续发展的极限上摇摇欲坠，没有人口增长的基础。也许几千年来一直是这样。

巴克塔曼人没有生产出粮食盈余，这本来会促成更复杂的分工。每个人都必须参与食品生产。即使以新几内亚高地典型的具有基本社会组织的小规模社会标准来看，巴克塔曼社会也是规模最小最基本的。

人类学田野工作者首先需要耐心。他们不能武断地发表自己的见解，如果他们问的问题不属于当地知识体系的一部分，他们就有可能干扰他们的研究对象，从而导致扭曲和误导的结论。然后他们可能会开始谈论他们自己的利益，而不是他们的对话者的利益。巴特过着简单的生活，每天都参加巴克塔曼人的活动。除了他们大部分时间都在从事的实际职业——食品生产、抚养孩子、打猎、手工艺——以外，这种文化主要围绕着男性的成年礼仪式。与世界上许多其他社会的通过仪式不同，在那些社会里男孩和女孩都要经历一个将他们从孩子变成成人的主要的通过仪式，巴克塔曼人有七个等级的通过仪式，但仅限于男性。男女之间的关系是相互不信任的。男人坚持认为女人不应该获得最深刻的宗教真理，因为没有人知道她们会用这些真理做什么。这里没有相应的女性崇拜。像许多其他地方一样,捍卫神圣真理的秘密团体是巴克塔曼人的男性机构。

既然巴特是一个成年人,不可否认,他的文化技能有限——他说的语言很差,而且据他自己说是一个糟糕的弓箭手,他就没有义务通过最低级的仪式。他参加了第四级的通过仪式,通过仪式的首席引导者基布诺克允许他直接升入六级。多亏努拉彭,他仍然获得了关于最低三个等级的详细描述。基布诺克对第五级做了口头解释,然后到第六级的时候,他接受巴特作为新人加入。经过一段时间的努力后,这位人类学家表现出参加最高级七级的通过仪式的资格,他感到极大的宽慰。

通过仪式的目的是把无知、困惑的破衣烂衫者变成聪明、有活力的人。在第一级时,男孩们从母亲身边被拉走,带到男人公房,在那里他们会获知秘密,以及自然和文化的一些奥秘。第一级的通过仪式结束后,要举办烤猪宴庆祝,男孩们会搬到村子的男区居住。他们可以和他们的母亲和其他女人说话,但不能和她们住在一起。

当部落领袖认为必要时,会举行更高层级的通过仪式,向男孩们,最终是年轻人,介绍知识、技能和神秘的新领域。他们学习无形力量和颜色象征的知识,他们学会了应对恐惧和痛苦,并经受了旨在让他们无所畏惧的考验。通过仪式在新人和抽象存在之间建立联系,例如无形的灵魂、情感和内在力量、宇宙和死亡的必然性。这些形式的知识总是借助于宗教领袖所掌握的具体物品来传授的,例如煮熟的狗的肠子和阴茎、水和火、荨麻和祖先的头骨。此外,他们还学习食物禁忌,比如禁食鼠类有袋动物,以及学习狩猎前使用的仪式咒语。四级仪式包括持续四天的舞蹈仪式。在整个舞蹈过程中,男孩们都遵守水禁忌,这并没有使事情变得更容易。在这个阶段,男孩们在面部会有少量胡须,第四阶段的许多象征意义都与性有关。

巴克塔曼人带有可见的象征符号，如伤疤和装饰物，标明其通过仪式的层级。用涂尔干的老话说，他们到达得越高，就越懂得神圣和世俗之间的联系。与食物、行为、性别差异和保密的重要性相关的禁令和其他规则不断增加。通过仪式的第六级是一次秘密狩猎活动，人们带着献祭的动物回来。但是，这让巴特很惊讶，"巴克塔曼人的通过仪式，并不伴随着讲述神话"。① 虽然通过仪式是巴克塔曼人非常关心的事情，他们为筹办仪式投入大量时间和精力，但是与其他美拉尼西亚人相比，仪式本身相当简单。这让巴特一开始有些失望，但他也看到了简单性的优势，这使得仪式本身和仪式象征相对透明，并且通常易于理解。

仪式总是多焦点的。正如利奇所说的那样，它们同时传达某种信息并执行某种行为。② 如果它们传达的信息太明显，效果就会减弱。像艺术一样，仪式必须包含多余的意义。它们必须包含比每个参与者能够提取到的更多的含义。因此，仪式通常由仪式专家通过隐喻、谜语和歧义来解释，或者简单地通过长时间有意义的沉默来解释。在巴克塔曼人中，纯洁和不纯洁至关重要，禁忌和其他禁例也是如此，它们从意识形态上证实了基于年龄和性别的社会差异。例如，猪的某些部分只能被成年人吃。

尤其是在最高层级的通过仪式上，自然和文化之间的象征关系至关重要。在六级通过仪式上，基布诺克和其他参与者展示了祖先的头骨（标有白发）是如何象征性地等同于神庙小屋的稻草屋顶，神庙则对应皮毛，而袋猴（一种小型有袋动物）的身体则对应植被。此类象征主义和仪式行为将人们与

---

① Fredrik Barth, *Ritual and Knowledge among the Baktaman*, p.83.
② Leach, *Political Systems of Highland Burma*, pp.12-13.

他们的周围环境神圣地联系起来,可以为单调乏味的日常生活增添些许深刻与超然。巴克塔曼仪式中使用的隐喻可能类似于现代主义诗歌,但仍然坚定地扎根于具象之中,因为巴克塔曼人是不识字的。它们不仅帮助人们获得更多、更神秘的宇宙知识和他们在宇宙中的位置,还帮助他们实现社会人的转换。简单地说,一个被提升到七级的人比那些还没有达到这个程度的人懂得更多,并且带着更深厚的秘密。除此之外,六级仪式的通过者知道,在较低级仪式上秘示的某些神圣知识,以后将作为谎言和欺骗被揭露出来。因此,老年人是巴克塔曼社会的关键人物。他们可以和每个人交流,他们掌握着所有的密匙。

《新几内亚巴克塔曼人的知识和仪式》写了很长一段时间,这也是巴特生活中的一个动荡时期。直到1975年,也就是田野工作完成六年多之后,它才出版。除了比他以前的专著写得慢得多以外,这本书还带有不确定性、矛盾性,带有试探性的推理形式,这代表了他专业写作的某种新的起点。在他几乎所有早期工作中,巴特自始至终都依赖并呈现出清晰的、合乎逻辑的进路,明确界定的研究问题,以及对材料的有效利用,这些材料阐明了所提出的问题,并有助于得出确定无疑的结论。巴克塔曼的书没有真正的结论,就这样收尾了。

然而,这本书在有关美拉尼西亚的文献中获得了特殊地位,并且很受欢迎,尽管许多人最初对这位研究亚洲穆斯林社会的专家显然要将自己重塑为美拉尼西亚学专家的愿望表示怀疑。此外,许多人认为他进入这个领域的10个月时间短得离谱。他的专著的成功再次显示了巴特作为民族志田野工作者的非凡品质。例如,他说他很早就明白食物禁忌在巴克塔曼社会是必不可少的。当他被安置在村子里的一个小屋里时,他们开始给他带来各种各样的食物。他需要吃东西,但在品尝食物之前,他等着其他人离开,因为他知道他们想测试他吃什么东西,从而了解他是什么样的人。仅仅几个月后,他对禁忌有了一个大致的了解,禁忌是他们社会组织中如此重要的一部分,但一开始他就怀疑食物不仅仅提供营养,其背后还有更深层的意义。努拉彭很可能悄悄提了一些建议,但毫无疑问,巴特拥有一种不同寻常的阅读他人和社会状况的能力。通常仅仅在几周之内,他一次又一次地发现人们的切身利益是什么——仅仅通过关注他们的所作所为,也通过关注交流中未加言说和含蓄的非言语的沟通方面,而尤妮·维肯在经过很长时间后,将其描述为共鸣。①

理解巴特田野工作天赋的关键是他的自然主义,他希望尽可能具体地观察和描述这个世界。这种对可见和有形事物的偏好使他能够以一种相对未经过滤的方式,对巴克塔曼人的象征世界、他们的仪式实践和他们周围环境的分类进行可信的描述。读者得到的印象是:在书中逐渐展开的这个巴克塔曼人的世界是真实的,他们的行为,他们周围环境中变得特别重要的部分,以及他们的世界如何变得有意义,这些都是真实的。在巴特看来,关键在于把出发点放在容易观察到的事物上,就像他现在这样,展示抽象概念是如何内在蕴含的。在这一点上,他与格尔茨的解释人类学相去甚远,但奇怪的是,他却接近列维-斯特劳斯。列维-斯特劳斯的《野性的思维》以"具体性的科学"一章开篇。②列维-斯特劳斯认为,不识字的人借助有形的事物和感官体验来组合他们的抽象概念,用他们手头的东西来建立一种科学,因为他们缺少我们的认知工具(字母和数字)。

---

① Unni Wikan, *Resonance: Beyond the Words* (Chicago: University of Chicago Press, 2013).
② Claude Lévi-Strauss, *The Savage Mind* (London: Weidenfeld & Nicolson, 1966), pp.1-34.

巴特简要讨论了列维-斯特劳斯的方法,但很快就对其进行驳斥,或许有点过于仓促。他的主要反对意见是,巴克塔曼人的世界并非以逻辑的方式整合,他们的禁忌、隐喻和仪式符号系统没有构成一个连贯的整体,而是以不完全和不完美的方式融合在一起。此外,巴特还认为,为一个受访者本身不具有的象征世界赋予一种意义,这是值得商榷的。他认为巴克塔曼人的象征世界是一种即兴的文化创造力的表达,他们利用手头任何东西——食火鸡、头骨、芋头(一种常见的块茎,他们的主食)等等。然而,列维-斯特劳斯也是如此,但他增加了另一个分析层面,涉及人类思维结构如何影响分类的方式,包括生态环境和社会世界。因此,在某种程度上,巴特遵循了与列维-斯特劳斯几乎相同的方法,但他拒绝这个法国人的结构概念,认为人类的思维比结构主义者想象的更具可塑性,更少受规则约束。

这是巴特作为一个人类学家的巨大优势,但或许也是他作为一个理论家的弱点之一。他以开放的心态、观察求知的理念进入巴克塔曼村,对底层结构不存有先入为主的概念。他直截了当地接受了当地人的解释,尽管如此,他的出发点仍是对人类心智统一性或多或少的明确认识,这是人类学研究可以理解他人世界的一个前提条件。这一特征使巴特的认识论从根本上区别于精神分析学、马克思主义或结构主义等理论建构。他的研究工作也相当不同于聚焦语义学和语言交流的人类学家。巴特的作品中很少直接引用研究对象的话。他说,他在巴克塔曼人那里,几乎可以把自己的语言能力欠缺变成一种美德,特别专注于他们的所作所为,领会周边氛围和语言之外传递的讯息。

巴克塔曼田野调查中的一些轶事,会让我们进一步明白巴特作为一名人类学家和分析师是如何工作的。一天,他坐在男人的小屋里,向一位巴克塔曼人询问关于他从别人那里听说的最近发生的戏剧性事件。那个人犹豫着没有回答,但他最终把巴特带进了森林,指给他现场,并讲述了那个故事。因此,时间流逝与颇具戏剧性事件的地理位置联系在一起,几乎像古老欧洲地图中那样,发生在不同时期的事件,如基督受难以及很久以后的耶路撒冷洗劫,被并排描绘在它们发生的地点。

在另一个场合,巴特与一位传奇武士交谈,他以杀死无数人而闻名。后来获知,他总共杀了5个人,他可以说清楚他们是谁,他是在什么情况下杀了他们,他们的亲属是谁。这不仅向巴特表明,巴克塔曼人生活在一个非常小的世界里,在某种程度上也向他表明了暴力的本质。他在以挪威语发表的普及读物中,谈到巴克塔曼人的有形暴力和我们这个时代战争机器所实施的抽象暴力之间的对比。于是他提出了一个也许只对人类学家但并非他们所有人来说显而易见的问题,那就是我们是否有权宣称我们代表了一种超越所谓原始野蛮人及其野蛮部落战争的道德进步。[1]

在这两个简短的例子中,很明显,巴特拒绝在没有事实依据的情况下进行推测,并且在他的整个职业生涯中,他一直在批评他所认为的这样一些倾向:将泛化、普遍化的理论强加于顽固且难以解释的实证证据之上。巴特在研究巴克塔曼材料时,开始越来越多地将人类主要视为即兴创作的多面性生物,他们可能有目的地行动,但并不总是意识到自己的最大利益。

一天晚上,在他田野工作快结束的时候,巴特和他的巴克塔曼人研究对象以及忠诚的努拉彭坐在篝火旁,这时他瞥见一架喷气式客机在高空飞行。他知道那一定是从马尼拉到悉

---

[1] Fredrik Barth, *Andres Liv-og vårt eget* ['Other people's lives-and our own'] (Oslo: Gyldendal, 1980), p.131-142.

尼的航班。他也明白,几天后,他自己将坐在一架类似的飞机上,离开这雾蒙蒙的森林、神秘的知识、单调的饮食和组成巴克塔曼人已知宇宙的小小世界——而巴克塔曼人将在他们的林间小径上和空地里、简单的小屋和花园中,度过余生。

在乘坐返程航班回家的路上,巴特换上了普通衣服,他注意到自己腰围已经增加了 10 厘米,几乎穿不进自己的裤子。但与此同时,在巴克塔曼人中间度过的十个月里,他体重减轻了许多。总之,他因食用纯淀粉将近一年严重营养不良。真菌仍然在他的皮肤上生长。这次回归西方学术生活将比他之前任何一次田野调查经历对比更加强烈。库尔德人、帕坦人、巴赛里人和富尔人,接触并部分融入了他们了解程度不同的大规模体系。斯瓦特河谷的许多人说一口流利的英语,库尔德斯坦的巴巴·阿里·谢赫·穆罕默德在伦敦获得了文学硕士学位。在与巴赛里人同住的时候,"我们走着,他们开始背诵古典波斯诗歌——然后他们听到了关于人造卫星的传言,想知道天上是否真的有人造月亮和旅馆诸如此类的事情。他们对历史的理解也涉及一个大的概念世界。反观巴克塔曼人,他们的概念世界是那么小。"①

很明显,巴特与巴克塔曼人相处困难重重,这是他在早期的田野工作中从未经历过的。他们与和他共事过的其他任何人截然不同。当他学会了食物禁忌和仪式象征的规则后,从表面和日常层面来看,这些规则也许并不难理解,但他的世界和他们的世界之间的重叠有时会让人觉得薄如蝉翼。在他的田野调查中,巴特有时几乎可以赞同列维-斯特劳斯对自己在 20 世纪 30 年代与巴西亚马孙河流域图皮-卡瓦希布人令人沮丧的会面的描述。列维-斯特劳斯写道:"见到他们了,他们都愿意把他们的风俗信仰教给我,而我却对他们的语言一无所

---

① Hviding, *Barth om Barth*.

知。他们离我很近,就像在镜子里看到的一样:我可以触摸,但不能理解他们。"①巴克塔曼人和巴特在一起的时候得到了什么很难说,但是他们只能抓住他世界的一小部分。

巴特去新几内亚是为了做一些困难和重要的事情。这不仅仅是为了对本土知识体系和仪式生活的研究有所贡献,也是一种"紧急人类学"。人类文化多样性正在萎缩,这是自博厄斯和马林诺夫斯基以来人类学家一直关注的问题。生活上的食谱种类越来越少。我们变得愈加相似。因此,正如巴特在《新几内亚巴克塔曼人的知识和仪式》序言中所写的,在为时已晚之前记录这种独特的生活方式是很重要的。

然而,巴特在巴克塔曼人中间无法独立活动。最让他困扰的是,他们认为他们的七级神秘崇拜是基于一种洞察力——终极真理,这最终被证明是虚假的。在低级阶段,新人被灌输秘密真理,但当他们升到高级时,却被告知这些真理是不真实的。本应在第七级时传授的伟大真理并不存在。

巴特在1968年圣诞节前回到家,《族群与边界》仍在编辑出版中。他累了。按照他自己的标准,接下来的三到四年他并没有那么多产,尽管他根据早期的田野调查发表了几篇关于中东亲属制和政治的优秀论文。《社会组织比较中的分析维度》是对《波斯南部游牧民的资本、投资和社会结构》以来简要提出的比较社会形态思想的建设性延伸。② 在这篇文章中,他区分了身份体系中不同程度的复杂性:从基于亲属制和家庭的基础类型,到具有令人眼花缭乱的地位数量和极端分化的大规模现代社会。这篇文章可能是他最好的文章之一,它

---

① Claude Lévi-Strauss, *Tristes Tropiques*, trans. John Russell (New York: Criterion, 1961), p.326.
② Fredrik Barth, 'Analytical Dimensions in the Comparison of Social Organizations', *American Anthropologist* 74, 1/2(1972): 207-220.

为研究社会复杂性提供了一个方法论基础,同时没有放弃关注当地生活和人际关系的民族志优点。巴特并没有计算人数、衡量生产能力和厘清不同的决策层面,而是希望证明复杂性是通过个人的生活、他们的身份体系、他们的专业化程度以及与他人的关系网络来表达的。这篇文章也为后来温纳-格伦规模(scale)研讨会指明了方向,最终促成了一本书的出版,但它值得比已有的更多的关注。

大约在1970年,巴特还用挪威语出版了几部通俗读物,并编辑了一本打算作为人类学导论的书。这本书特点鲜明,被命名为《作为社会成员的人》,用挪威语原文说,叫做"作为公民的人",而不是"他者文化"或"世界各种社会"。[1] 像他后来为普通读者写的书一样,它是从个体开始讲述的。本书包括了他的第一篇基于巴克塔曼田野调查的文章,该文是对他们的仪式系统的描述。他还用挪威语写了一篇简洁的文章,题为《社会必须按照它自己的方式被理解》,旨在帮助发展工作者理解和尊重文化差异,以便做得更好。[2] 他从巴布亚回来后,并没有无所作为,但他关于巴克塔曼田野工作的专著和进一步的学术成果,仍将花很长时间来完成。

巴特生活在巴克塔曼人中间,对外面世界的事情有幸一无所知,但国内却发生了明显的变化。最明显的变化发生在学生身上,他们在过去的一年里变得不那么温良恭敬了。1968年春天,当巴特专注于能否加入第七级通过仪式时,外界发生了一个转变,回溯起来可以说,它导致了大学生活甚至西方主流文化的变化。受到法国革命形势的鼓舞——那里的学

---

[1] Fredrik Barth (ed.), *Mennesket som samfunnsborger: En uformell introduksjon til sosialantropologi* ['Man as a member of society: An informal introduction to social anthropology'] (Bergen: Universitetsforlaget, 1971).

[2] Fredrik Barth, 'Et samfunn må forstås ut fra egne forutsetninger: U-landsforskning i sosialantropologisk perspektiv', *Forskningsnytt* 17,4(1972): 7-11.

生和工人联合起来,要求改变政治制度,西方世界的学生用军队剩余的大衣和水晶手镯代替了他们的晚礼服和珍珠项链,宣称自己为反独裁者或是革命者,并开始大声谈论资产阶级科学和马克思主义科学的对立。并非所有激进分子都支持马克思主义。一些人代表了一种非常不同的世界观,因为他们认为自己是来自加利福尼亚的无政府主义"花之力"运动的一部分。但是新一代学生对僵硬而正式的体制感到沮丧,不管他们的意识形态有什么不同,这股反叛和左派浪潮也冲击了卑尔根的人文和社会科学。

卑尔根的人类学相对来说和政治关系不大。巴特的确参与了发展援助,但这不仅是为了展示人类学知识的相关性,也是为人类学家创造就业机会的一种方式,因为这是让世界变得更美好的梦想的结果。他一直认为国家和资本主义会拯救传统民族的观点是民族中心主义无知和傲慢的表现。作为一个永远的自然主义者,巴特认为这是一个实证问题:人们的命运是否会在与现代性这把双刃剑的接触中得到改善?但应该指出,作为粮农组织在苏丹的顾问,巴特的决策对50万人产生了影响:他与喀土穆大学的合作一直蓬勃发展,并在真正的人文参与的推动下产生了高质量的发展研究。

毕竟,卑尔根并非完全不关心政治。克莱文留下了参与第四世界的遗产,即土著人民,后来主要由亨里克森继承。布罗克斯在政治上参与了左翼。哈兰、索博和后来的古尔布伦森主要从事应用研究,地点多在非洲。尽管如此,可以公平地说,该系及其教学和研究,与当时紧迫的问题相当脱节。卑尔根人类学家并不认为他们的任务是签署反对越南战争的请愿书,或者批评资本主义对南方贫穷国家的剥削。他们首先把自己视为科学家。

当学生们在不同的激进团体中展示和组织自己时,巴特正忙于思考和比较热带生态。他从巴克塔曼返回后不久,西

巴克塔曼共鸣

弗特斯从秘鲁亚马孙河的阿瓜鲁纳河的田野调查中返回。他们比较了他们在热带森林中的经历,巴特被热带生态系统和北极生态系统之间的对比所震撼。热带生态系统物种多样,但每种物种数量很少,北极生态系统的物种很少,但每种物种数量都很多。他初步设计了一个比较热带生态的项目,旨在最终举办一次专题研讨会。这个想法很有创意,也很激动人心,但没有立即产生任何结果。事实上,这样一个研讨会确实在20世纪70年代中期在奥斯陆的人种博物馆举行过,但是没有出版任何成果。

他们可能认为这与他们自己的关注点无关,但卑尔根人类学家最终被迫与学生激进主义联系在一起。巴特评论:

> 我们花了大量的智力、精力和时间,以专业的方式面对来自马克思主义的批判和来自实证主义的批判,我可以理解,在战略上我们成了马克思列宁主义者的一个问题。因为这是一个没有被攻陷的堡垒,对吧,他们从来没有征服过它,各类人受命要把我们打倒,但是没有成功。因此,其他院系要么向学生让步,要么被摧毁时,我自岿然不动。①

声称其他院系被摧毁虽有些夸张,但20世纪60年代末和70年代初的学生运动通过要求更具政治意识、更左倾、最终更具女权主义和后殖民主义的知识立场,确实导致了大混乱。然而,正如巴特所说,马克思列宁主义者"打倒"人类学者并不像批评其他学科那样容易。社会学、政治学和历史学很容易被视为资产阶级科学,忠于制度,并以各自的方式服从国家建设。人类学家主要以非欧洲社会为重点研究对象,他们把普通人的生活放在了他们研究的最前沿,因此情况就

---

① Hviding, *Barth om Barth*.

变得不同了。即使他们的研究并不总是以当地人的方式进行，研究人员也必然会发现自己与当地普通民众保持着密切而持续的对话。这门学科似乎也代表了一种含蓄的反帝国主义观点，因为它的方法论依赖于所有人的生命都具有同等价值的观点。

然而，批评确实来了，而且大部分是针对巴特本人的。难道不是这样吗？激进的批评家马上会细数起来①：巴特研究斯瓦特的精英而不关心穷人和受压迫者，他的交易主义难道不是西方自由个人主义的一种表达吗？而这种个人主义以竞争为日常秩序。有些人还认为巴特的自然主义方法论是一种天真的实证主义，似乎可以用意识形态中立的方式研究世界。政治激进的反实证主义者常常令人信服地辩称，所有的研究都隐含着意识形态。当研究人员划定研究领域并定义他们的研究问题时，他们就做出了一个对发现过程和发现有直接影响的选择。

这一批评并没有给巴特带来很大的打击。他的研究是高标准的，不管标准是什么（教条的马克思列宁主义除外）。如果其他人希望从不同的角度研究世界，那对他来说是好的，他甚至鼓励这样做，只要他们的所作所为在经验上是可信的。

与回应马克思主义者相比，反击女权主义者的批评更加困难。卑尔根的人类学领域在整个 20 世纪 60 年代都非常男性化。虽然有一些女性参与其中，但没有一个人留下来，也没有一个女性在这一时期对卑尔根人类学做出重大贡献。当这种新的、激进的学生群体出现时，其中包括许多年轻、直言不讳的女性，这很快就变得明显。在这个时期最有天赋的学生包括玛丽安·古勒斯塔德，她是后来描写挪威主流文化的最

---

① Talal Asad, 'Market Model, Class Structure and Consent: A Reconsideration of Swat Political Organisation', *Man* 7 (1972): 74-94.

优秀的人类学作家,也是对其隐含的种族主义的有力批评者;包括伊丽莎白·艾德,后来成为媒体研究教授和小说家;以及尤妮·维肯,她将继续在开罗进行田野调查。

一些新的东西正在形成,尽管不像那些更乌托邦式的马克思主义者想象的那样。卑尔根社区是紧密、紧凑和绝对男性化的。每天,部门同事都集体去他们的午餐咖啡馆。正如社会学家(也是前内阁部长)古德蒙德·赫恩斯所描述的那样,人类学家像一群迁徙的大雁那样行走,在挪威人所知的"雪犁阵形"中,巴特领头,学生跟在后面。偶尔,他们会带着外国来访者,或者来自邻国的优秀学生,如瑞典的阿克·道恩、奥尔瓦·洛夫格伦和汤姆·斯文森,人数从十几个到二十几个不等。他们不停地谈论着人类学。正如赫恩斯回忆的那样,当时他是卑尔根的一名年轻社会学家,那些午餐时间是"步行和餐桌上的研讨会"。①

工作和休闲之间没有明确的界限,同事们在不工作的时候也会进行非正式的社交活动。巴特的得力助手仍然是布隆,他们早在人类学博物馆的时候就相识了。他也欣赏有天赋的研究人员和活跃的人类学家哈兰和格伦豪格,布尔是一个好朋友,但罗伯特·潘恩是他真正意义上的主要的学术对手。潘恩在到达卑尔根之前从牛津大学获得了哲学博士学位,他对巴特不能苟同的历史材料和描述性民族志有着浓厚的兴趣。他和埃文斯-普里查德一样,对巴特的模型持怀疑态度。几年后,潘恩会在他的小册子《关于巴特模型的第二种想法》中,彻底批判巴特的社会组织模型,这本小册子与《模型》在同一个系列丛书(封面设计同样令人不快)中出版。②

---

① Gudmund Hernes,私人交流。
② Robert Paine, *Second Thoughts about Barth's Models*. Royal Anthropological Institute Occasional Paper 32 (London: Royal Anthropological Institute, 1974).

巴特作为"唯一的"教授,自然而然地成为系主任,在年轻的卑尔根大学,他几乎可以按照自己的喜好来建设这个系,那里秘不外宣的糗事不多,也不存在老派学究。他追求方法和分析的统一,但同时注意地域和主题的多样性。20世纪60年代末,这里发布了新职位的招聘公告,该系早期严重依赖巴特和布隆,现在很快可以在一些研究员和临时讲师(如布朗格、亨里克森和拉姆斯塔德)之外,雇用哈兰、格伦豪格和布罗克斯担任终身职位。该系会在20世纪70年代继续发展壮大,但那时巴特已经离开了。

如上所述,巴特是通过与哈兰就他在达尔富尔的材料进行的对话,才有了举办族群问题研讨会的想法,而他对类似活动的下一个想法来自格伦豪格的研究工作。已经在阿富汗和土耳其开展田野工作的格伦豪格,就规模作为社会生活中的一个变量来研究,提出了一种独创方法。他没有把规模看作是社会系统的一个属性,而是把它看作是一个人身份库的一个方面,这可以揭示一个人关系网的广度。当一个来自阿富汗赫拉特的商人去麦加朝圣时,他参与了一个规模庞大的系统,但是当他和邻居喝茶时,他的接触面就小多了。格伦豪格和巴特就这个主题进行了多次交谈,这似乎是巴特早期关于角色、社会组织和不同程度的社会复杂性的工作的自然延伸。此外,他在新几内亚一个极小规模社会的经历仍然伴随着他,尚未得到充分加工。

在20世纪60年代,巴特成为温纳-格伦基金会位于奥地利的伯格·瓦尔登斯坦城堡的常客,在那里他参加了许多研讨会,并结识了从马歇尔·萨林斯到埃里克·沃尔夫等有影响力的同事。因此,巴特本人有可能在那里组织一次活动。于是他提交了一份申请书,关于规模和社会组织的研讨会便被列入了1972年的计划。

研讨会的计划与一个意想不到的事件融合在一起,这个事件必须被视为巴特生活中的决定性事件,无论是私生活还是职业生涯,那就是他与尤妮·维肯的会面。维肯(生于 1944 年)来自挪威北部的哈尔斯塔,曾学习社会学和社会人类学,并于 1968 年前往开罗,打算以后在那里做田野调查。巴特当时在新几内亚。他们的第一次接触可以追溯到 1969 年 1 月 10 日的一封信,巴特在信中向维肯提出了一个建议。该院系希望提高自己中东研究的能力,巴特建议维肯在一个埃及村庄做一个简短、快速的田野调查,这可能成为她回国后完成一篇"简短但合格"的哲学硕士论文的基础。当时维肯甚至还没有完成她的本科学位,她申请并获得了一份研究许可证,也得到了一笔资助经费。然而,埃及的局势排除了在开罗或亚历山大以外其他任何地方做田野调查的可能性。因此,那年夏天,她开始在开罗的一个贫困地区进行实地考察。她于 1970 年春天回到卑尔根,但那时她并不认识巴特。1970 年 9 月,她回到开罗,并于 1971 年 1 月完成了田野调查。直到那时,她和巴特才真正认识。

尤妮·维肯是一个优秀的独立思考的学生,现在她也已经在一个充满挑战的环境中做了长期的田野工作。很有可能,她是周围少数几个有勇气以教授认为恰当的方式表达与教授不同意见的人之一。巴特深深地爱上了她。许多年后,他评论道:"然后,和莫莉继续维持婚姻就变得有些不可能了。"①

然而,正如任何人类学家可能预测的那样,巴特家庭的破裂不仅仅涉及家庭成员,当巴特和维肯成为夫妇的消息传来时,系里陷入了彻底的混乱。由于私人和职业人际网络紧密交织在一起,部门同事之间有多重(错综复杂的)关系,一场重大纷争出现了。毕竟,他们私下有交往,认识彼此的配偶和孩子。作为一名有天赋的学生,维肯肯定被认为是对卑尔根男

---

① Hviding, *Barth om Barth*.

子俱乐部的一种挑战。最终,系里大多数人都站在莫莉一边。公共休息室的气氛很不稳定,有时充满敌意,巴特总结了这种情况,他说,突然之间,他变得很脆弱,就像他关于库尔德人的论文被拒绝时一样。"但是",他补充道,"我的幸福以及焕然一新、重获新生的感觉,对我的人生历程来说非常重要"。① 与尤妮·维肯的相遇让巴特亲密地重温他以前曾有过的较为分散和模糊的一系列情感。这不仅对他的私人生活产生了影响,也对他后来作为人类学家和学者的发展产生了深远的影响。

1972年,这对夫妇去耶鲁大学访学了六个月。他作为客座教授,她着手研究从开罗收集的材料。他们后来在卑尔根一起住了一年。对巴特和他花了十年时间建立的机构来说,这是一段艰难的时期。每个人都知道一次重大变化即将到来,他们将失去他们的领袖。对一些人来说,巨树很快就会消失,这可能让人松了一口气,因为较小的植物在没有阴影的情况下更容易茁壮成长。

机遇来得正是时候,巴特的生活常常如此。1973年,当耶辛从人类学博物馆的教授职位上退休时,巴特申请了这份工作。他已经有意无意地等了十多年,也许是二十年。他得到了这份工作。巴特和维肯于1974年1月结婚,搬进了巴特在20世纪50年代末买的但从未住过的房子。他现在要住进这所房子,直到2011年夏天。

---

① Hviding, *Barth om Barth*.

一种新的复杂性

在卑尔根的 12 年里,巴特组织了四次大型的研讨会,主题分别为:关于挪威北部的创业者、角色理论、族群和规模。到目前为止,最著名的是族群专题研讨会,这要归功于随后出版的那本书。然而,规模会议背后的想法同样具有原创性,本应有更好的着落。直到 1978 年才出版的《规模和社会组织》一书并不广为人知,[1]甚至在斯堪的纳维亚也是如此。人类学中的规模概念仍然没有得到系统的应用,即使在它显然有用的研究中也是如此。[2]

---

[1] Fredrik Barth (ed.), *Scale and Social Organization* (Oslo: Universitetsforlaget, 1978).
[2] 近期,一个值得注意的佳作是安娜·辛关于生产系统中非可扩展性的文章:Anna Lowenhaupt Tsing, 'On Nonscalability: The Living World Is Not Amenable to Precision-nested Scales', *Common Knowledge* 10, 3 (2012): 505-524。

游牧的人类学家：巴特的人类学旅途

大规模和小规模的概念，如"小规模社会"和"大规模社会"，在学术界内外都很为人所熟悉。然而，在日常用语中，这些术语主要指尺寸。因此，设得兰的一个岛屿社区如果只有几百人，就可能被视为一个小规模社会，尽管它与周围的国家、跨国甚至全球系统存在多种联系。按照人类学对规模的划分，该岛的居民会参与多个子系统或社会领域，尽管该岛本身被视为一个社会系统，无疑是小规模的。

格伦豪格最初在卑尔根认真研究规模的概念。他在对安纳托利亚和后来的赫拉特的研究中使用了一个系统的规模概念，用它来显示村民和市民是如何以及沿着什么路线被整合到不同的子系统中的。[①] 此前，规模作为一个分析概念（而不仅仅是日常语言中的一个词）被研究者使用过，尤其是在罗德斯-利文斯通研究所，后来在格卢克曼的领导下被搬到曼彻斯特。我们再次想起巴特和他的生成过程分析与曼彻斯特学派之间的亲缘关系。也许他们太接近了，因而不会产生任何学术上的亲昵关系。

社会系统、子系统或领域中，规模是指系统需要维护的身份数量。换句话说，它指的是复杂性。从行动者的角度来看，规模是指你在你的有效网络和联系中能延展多远。我们都参与不同规模的系统，除非我们和开矿之前的巴克塔曼人一样。他们的世界不出村子的周边。相比之下，赫拉特的一位农民加入并参与建设若干领域，其中一些一直延伸到摩洛哥和爪哇。他大部分时间都和他熟悉的人在一起，但他在市场上和陌生人交易，并参与了一个至少由 10 万人组成的地方政治体

---

① Reidar Grønhaug, *Micro-Macro Relations*: *Social Organization in Antalya, Southern Turkey*, Bergen Occasional Papers in Social Anthropology 7 (Bergen: Institutt for sosialantropologi, 1974); Grønhaug, 'Scale as a Variable in Analysis. Fields in Social Organization in Herat, Northwest Afghanistan', in Barth (ed.), *Scale and Social Organisation*, pp.78-121.

160

一种新的复杂性

准备参加婚礼的索哈尔新郎
(照片经弗雷德里克·巴特和尤妮·维肯允许使用)

系,这些人依赖同一条灌溉渠。如果他去朝觐,他一生中至少会参加一次有来自伊斯兰世界数百万人参加的活动。因此,规模与宏观和微观不是一回事,它指的是复杂性而不是大小。世界上有些人大体上分享着相同的文化、生计和生活方式,他们的人数可能数以百万计,但除了当地社区之外,他们几乎没有任何联系。换句话说,他们的社会比一个拥有20,000人的有着复杂而先进的劳动分工的城镇组织的规模要小,在这个城镇里,从水管工到学校教师,成千上万的身份对这个系统的再生产是必需的。

格伦豪格也谈到了社会领域。由于皮埃尔·布迪厄的场的概念更广为人知,因此应该注意的是格伦豪格的术语在社会学上更容易应用。布迪厄谈到话语或符号领域,即相对界

161

限分明的交流社群。① 相比之下,格伦豪格谈到社会领域是一个互动系统,也同样有界,不是因为交流减少而形成边界,而是在互动中形成边界。这关系到谁和谁做什么,为了什么目的。

当巴特计划关于规模的研讨会时,卑尔根正处于动荡时期。令他的同事惊讶甚至有时沮丧的是,他已经和维肯建立了恋爱关系。除了巴特之外,参加规模研讨会的挪威人类学家只有格伦豪格和布隆。后者没有提交论文,但负责对事件进行报道。在专题讨论会之前,巴特散发了几页关于该专题相关性的草拟文件,作为1972年身份集合文章的附件。②

会议很成功,布隆写了一份详细的报告,最终成为《尺度和社会组织》的框架。尽管有这个极好的起点,但六年后这本书才得以出版。参与者包括国际上受尊敬的人类学家,如杰拉尔德·贝里曼、约翰·巴恩斯、欧内斯特·盖勒纳和伊丽莎白·科尔森,巴特对他们来说并不像对他的卑尔根同事那样具有权威性。他们没有按时提交章节,也没有共享一个共同的分析平台。他们甚至没有在同样的意义上使用规模概念。

巴特自己写了两章,"结论"和"城市西方社会的规模和网络"。在这两章中,他第一次也是最后一次使用自己的经历作为实证数据,他描绘了他在两周时间里与他人的互动,将他的发现与一个学生以同样做法得到的结果进行比较。③ 其目的

---

① Pierre Bourdieu, *The Field of Cultural Production* (Cambridge: Polity Press 1993).
② Fredrik Barth, 'Analytical Dimensions in the Comparison of Social Organizations', *American Anthropologist* 74, 1/2 (1972): 207-220.
③ Fredrik Barth, 'Scale and Network in Urban Western Society' and 'Conclusions', both in Barth (ed.), *Scale and Social Organization*, pp. 163-183 and 253-273.

是展示社会系统的复杂性是如何嵌入到个人网络中的。与世界上任何地方的村民相比,巴特与外界有众多联系,其中许多是单线的——他只以某种身份认识另一个人,例如牙医或店员。为了更好地理解一个学者日常生活中发生的变化,一般来说,今天重复类似的做法会很有意思。巴特指出,他与外界的一些接触是通过信件和电话进行的。在我们这个时代,有必要纳入从短信到电子邮件、脸书和推特等多种形式的电子通信,这些通信以仍未完全被理解的方式改变了日常通信。

在本书的最后一章,巴特提出了一系列关于规模和社会组织的部分未被回答的问题。例如,在小规模的系统中,一致性是最大的吗?他以本书其他地方没有提到的巴克塔曼人为例回答说:不一定。他还讨论了他的老同学、犯罪学家尼尔斯·克里斯蒂的研究,以及他关于暴力在非常松散和非常密集的社会中最为普遍的论点,它们分别对应小规模系统和大规模系统。[1] 他还提到了小传统和大传统之间的关系(雷德菲尔德的术语),小传统是口头的、地方性的和基于个人认识的,而大传统是书面的、全球性的和匿名的。

这本关于规模的书富有挑战性和原创性,它包含了几篇出色的章节,格伦豪格的部分可以说是最好的,但它仍然被认为是未完成的和不完整的。各个章节之间几乎没有直接对话。也许这就是为什么这个话题后来人类学家很少考虑。然而,这本书被注意到了,有时是在意想不到的地方。例如,雅克·维尔编辑的《规模和社会组织》得到了一批法国历史学家广泛的应用。[2] 他们的项目包括展示微观历史和宏观历史之

---

[1] Nils Christie, *Hvor tett et samfunn*?['How tight a society?'](Oslo: Universitetsforlaget, 1975). It is a minor scandal that this brilliant book has not been published in English.

[2] Jacques Revel (ed.), *Jeux d'é chelles: La micro-analyse à l'expérierce* (Paris: Gallimard/Seuil, 1996).

游牧的人类学家：巴特的人类学旅途

间的相互关系，即个人生活和更大、更包容的过程之间的联系。在这项努力中，人类学的规模概念是有用的。同样有可能的是，规模的概念可能有助于在大量文献中提高精确度，这些文献大多是人类学之外的关于全球和地方的文献。它超越了微观与宏观、人与系统之间于事无补的对比。

巴特在人类学博物馆担任主席仅仅几个月后，就开始了一项新的田野工作，这次是和他的新婚妻子一起。他自己在中东和巴基斯坦做过大量的田野工作，维肯在开罗工作过，能说一口流利的阿拉伯语。在之后的旅行中利用她的语言能力似乎是明智之举，这对夫妇决定去阿拉伯半岛，计划是探索那里城市社会的族群性和复杂性，然后在阿富汗东部做类似的田野调查，巴特对普什图语的了解对他们帮助很大。

他们希望去半岛的南部，最好是南也门。这个生命短暂的国家于1967年独立，1990年与也门统一，拥有一个独裁的政府，他们想要拿到研究许可证似乎是不可能的。巴特的梦想是在哈德拉毛特进行田野工作，哈德拉毛特是以前的自治苏丹国，以其多层黏土房屋而闻名。巴特也被印度洋上一个孤立的岛屿索科特拉所吸引，但它由哈德拉毛特管理，因此也受南也门控制。他们去阿曼的决定是在与阿曼驻伦敦大使会晤后作出的。大使说阿曼欢迎他们，但他不确定阿曼是否适合人类学研究。"你看，从来没有人类学家去过我们那里。"①

在阿曼，沿海城镇索哈尔自诩为一个特别有趣的田野调查地点。该镇作为印度洋的贸易中心，有着悠久而迷人的历史，而且似乎至今仍然是一个文化交汇点。阿曼海岸和巴特以前工作过的地方之间也有有趣的联系，这要归功于附近波斯海岸和俾路支斯坦西部的长期联系和人口迁移。

---

① Hviding, *Barth om Barth*.

阿曼的沿海城市中，最大和最著名的是首都马斯喀特，它作为商业中心和跨文化交流场所有着悠久的历史。几个世纪以来，阿曼最重要的出口商品是乳香和没药，根据神话，这是2,000年前被送给新生儿弥赛亚的礼物。但是索哈尔地区的人们在6,000年前就与美索不达米亚进行贸易，最古老的铜矿至少在4,000年前就开始运营了。后来，阿曼海岸因香料、丝绸和黄金贸易而闻名，直到最近还因奴隶贸易而声名狼藉。阿拉伯文化对东非海岸的显著影响源于阿曼和也门，这可能可以追溯到公元7世纪，当时第一批阿拉伯人定居在"斯瓦希里海岸"。后来，阿拉伯半岛和东非之间发展了定期的贸易联系，最终与欧洲殖民大国展开了竞争。由于盛行风的季节变化，阿曼水手和商人每次要在基尔瓦、桑给巴尔、蒙巴萨和沿海其他地方待几个月。事实上，从1698年到1856年，桑给巴尔是阿曼国家不可分割的一部分，即使在今天，那里受到的阿拉伯的影响也非常明显。影响是双向的，阿曼人烹饪中使用的香料、对象牙和犀牛角的热情以及阿曼传统音乐的节奏都证明了这一点。此外，世界上没有比阿曼海岸堡垒和瞭望塔更密集的地区了，这表明这个国家很脆弱，财富也很可观。

在巴特和维肯进行田野调查时，索哈尔是一座拥有大约2万居民的小城市，位于马斯喀特和迪拜之间。到首都的240公里崎岖不平的砾石路只有几年的历史。几个世纪以来，甚至几千年来，所有与外界的接触都是通过海路进行的，偶尔也有通过骆驼进行的。2014年，该市有14万名居民、几家酒店和购物中心、一条高速公路和一支漆有橙色条纹的白色出租车队。维肯至今仍定期访问阿曼，她说变化是如此巨大，以至于她现在只能沿着海滩寻找方向。

据说索哈尔是神话中水手辛巴达的出生地。整个地区笼罩着《一千零一夜》的那种氛围，茂密的椰枣丛生长在被多石沙漠包围的郁郁葱葱的山谷中，四处游走的贝都因人，熏香和香料的味道，东方的丝绸和迷宫般的小巷。但是索哈尔也是一个国际城市，一个不同于巴特之前研究过的族群复杂的社会。阿拉伯人是人口占主导地位的群体，他们分成多达50个不同的部落，由父系血统来界定。城里还有波斯人、俾路支人和印度人。此外，一些非洲奴隶的后代（奴隶制直到20世纪60年代才被废除）以及来自不同海湾国家的移民群体也居住在这座城市。阿拉伯语、波斯语、俾路支语、齐达加利语、库奇语和英语都是索哈尔会话中经常使用的语言。

1970年之前，保守的苏丹赛义德·本·泰穆尔统治着这个国家。在他统治期间，收音机和太阳镜被禁止。任何在国外受过高等教育的人都被驱逐出境，全国只剩下少数几所学校。苏丹的儿子卡布斯有着更加自由的思想，热爱西方古典音乐。他在南部城市萨拉拉的宫殿里被软禁了六年，之后在英国的帮助下，成功地在一场非暴力政变中推翻了他的父亲。最近该国发现了石油，年轻的苏丹卡布斯开始了一项雄心勃勃的现代化计划，这个计划极大地改变了阿曼，有些人甚至说变得面目全非了，但绝大多数人会加上"变得更好"。换句话说，当巴特和维肯1974年春天到达索哈尔时，这个社会才刚刚开始向现代世界开放。

田野调查工作是以互补的方式规划和进行的。这座城市的性别隔离在很大程度上排除了非亲属男女之间的接触，在人类学家可以接触的任何领域中男女都不会自然地混杂在一起。因此，巴特在男性中做他的田野工作，而维肯则专注于女性。随着工作的推进，他们会很自然地交换意见和印象。然而，作为一对已婚夫妇，他们最终能够进入在斯瓦特和库尔德斯坦不对巴特开放的那些场合。巴特说，通过与其他家庭建立"准亲戚关系"，他们能够与之进行社交，"我们的一些好朋友邀请了我们，我们坐在那里一起喝绿茶，两对夫妇，三对夫妇……对我来说这是一次全新的体验"。①

人类学家们没有考虑到一个因素：炎热。两人都喜欢温暖的气候，没想到这会是个问题。他们三月份到达后，人们焦虑而担忧地谈论着即将到来的高温。巴特和维肯认为他们能够轻松应对不断上升的气温。毕竟，人们能够住在这里，所以他们认为自己也会没事，然而，事实是夏季被认为是索哈尔的一个紧急时期。7月和8月，白天气温通常超过40摄氏度，晚上很少降到27摄氏度以下。维肯评论说，这座城市缺电，所以除了那些自己拥有发电机的人以外，大部分人没有空调，索哈尔人最近最大的变化可能在于有了空调。她说，突然之间，即使在盛夏，也有可能过上正常的生活，当地人以前以沉默寡言和冷漠著称，现在也和其他人一样活泼。

过了一段时间，巴特和维肯认识了一群住在索哈尔的发展工作人员，他们外出的时候将一台柴油发电机借给巴特他们一个月，这样他们至少可以在晚上保持风扇运转。当这些救援人员随后去度假一周时，这对夫妇借了他们的房子，里面有发电机和空调。现在他们要适应室内冷空气和室外灼热空气之间反差的问题。他们继续前行，这次来到了一个比城里更热但空气更干燥的地区。不管怎样，他们很快就继续前行，来到沙特阿拉伯和阿曼边境与"空旷地带"接壤的沙漠小镇巴伊亚。巴特研究了那里的灌溉系统，并设法收集了足够的材料来写一篇关于该地区生产要素和分布的文章，②但是当温度计连续两天达到52摄氏度时，维肯中暑了，他们决定暂时收工。

---

① Monsutti and Pétric, 'Des collines du Kurdistan aux hautes terres de Nouvelle-Guinée'.
② Fredrik Barth, 'Factors of Production, Economic Circulation, and Inequality in Inner Arabia', *Research in Economic Anthropology* 1: 53-72.

游牧的人类学家：巴特的人类学旅途

八月初，这对夫妇登上了飞往卡拉奇的飞机，准备继续前往斯瓦特河谷进行为期一周的疗养。事实证明，在拜访了卡什马利和他的家人之后，他们只在新鲜空气中待了几天（下午的温度可能已经达到25摄氏度，相当于奥斯陆的夏季温度），他们就继续前行了。他们体内的温度调节机制可能出了问题，但他们的冒险精神没有出问题，所以他们没有乘第一班飞机回家，而是乘坐当地和区域性的公共汽车向西旅行，穿过阿富汗和伊朗，在那里他们看望了巴赛里人，最后到达伊斯坦布尔。当他们最终在9月回到奥斯陆时，天气异常温暖，但对尤妮·维肯来说还不够暖和，她不得不穿上一件阿富汗毛皮大衣来保暖。事实上，他们在离开索哈尔很长一段时间后，还在间接遭受阿曼的高温所带给他们的影响。两人都患有感冒，回家后的几年里都有体温问题。尽管如此，从1975年12月到1976年1月（一年中最凉爽的时间）他们还是返回索哈尔，以完成他们的田野调查工作。

索哈尔有着异常悠久和复杂的历史，书面资料有几种语言。人们可能会期望研究人员用过去的事件和过程来解释当前的复杂性，许多人会这样做，巴特却没有。和往常一样，他努力地尽可能接近他人的生活，他觉得历史的叙述会扭曲对现在的理解。在专著《索哈尔》①中，他只把历史视为当代人对自己过去的理解，以及通过过去的事件来理解现在。

他也没有假设会有一个事先规划好的井井有条的"系统"。和他早期的田野调查一样，他通过对社会实践的研究开始分析，以便尽可能地达到自然主义的描述。他接触了不同的群体，了解了他们的结构地位、经济状况、亲属制度和婚姻习俗，并沿着群体之间的界限进行了分析。

---

① Fredrik Barth, *Sohar*.

一种新的复杂性

在许多方面,阿曼的项目是巴特早期族群研究的后续。因此,值得注意的是,他的专著和一个较早的族群研究学派,即研究"多元社会"的学派①,有许多相似之处。在阿曼,正如弗尼瓦尔所描述的缅甸,或史密斯所描述的牙买加一样,每个群体都有自己的文化特点、传统、语言,有时还有宗教。除了贸易和其他经济交易之外,受集权政治权力支配的群体之间的接触有限。除此之外,我还要补充一点,当许多社会在近代历史上朝着精英化的方向发展,拥有共享的教育机构、共享的大众媒体和或多或少自由的政治制度时,群体间的接触增加了。它们逐渐发展出广泛的文化共性,尽管这不一定意味着族群边界的消失,而是从互补向对称竞争转变。

多元社会学派与巴特分析的一个重要区别是,巴特并没有预先假定一个受规范支配的系统。提及城市中普遍存在的文化多元性时,他指出,"每个人都参与了若干——虽然远非全部——文化事项。"②此外,不同的身份可能会被组合在一起。从严格意义上来说,族群界限并不像弗尼瓦尔描述的缅甸那样遵循劳动分工。正是亲属关系、继嗣和婚姻维持了边界,导致文化意义也主要在群体内部而非跨越界限得到再现。巴特借用安东尼·华莱士的一句话来描述索哈尔社会,他认为文化与其说是生产相似性,不如说是组织多样性。③

巴特开始着手了解索哈尔复杂性的势能,这时他已经成为经验丰富的社会人类学家,拥有大量的田野工作经验和许

---

① J.H. Furnivall, *Colonial Policy and Practice: A Comparative Study of Burma and the Netherlands India* (Cambridge: Cambridge University Press, 1947); M.G. Smith, *The Plural Society in the British West Indies* (Berkeley: University of California Press, 1965).
② Fredrik Barth, *Sohar*, p.85.
③ Anthony F.C. Wallace, *Culture and Personality* (New York: Random House, 1961).

169

游牧的人类学家：巴特的人类学旅途

多简洁明了的分析结果。索哈尔可能是他迄今为止最困难的挑战，在他作为社会人类学创新者的职业生涯中，他在研究方法上的局限性第一次变得明显。

巴特对索哈尔的分析有些欠缺，主要有两个原因。首先，不可能"关闭"交互系统。生活在那里的跨国群体具有多方向的联系和网络，以及跨越印度洋的多种归属形式。尽管跨国联系在1970年代的范围和频率有限，而且以缓慢的速度进行，尽管索哈尔的大多数俾路支人从未到访过俾路支斯坦，但他们祖先的国家是让他们得以存在的一个重要因素。印度人与他们的家园保持着更密切的联系，在返回之前，他们往往只在索哈尔生活一段时间。贸易商和贝都因人也参与了大规模网络。不同的群体并不生活在共同的社会现实中，而是生活在部分重叠的世界中。对一些人来说，大海是主要的焦点；对另一些人来说，大海是沙漠；对另一些人来说，大海是集市。巴特的探究方法总是始于直接观察，即直接观察此时此地发生的社会过程。但是，当有必要概观大规模网络以便全面理解本土过程时，这种方法就不合适了，因为通过参与观察只能涉及个人社会网络的冰山一角。

这个问题让我们回想起莫斯对马林诺夫斯基有关特罗布里恩德及其周边地区库拉分析的批评。马林诺夫斯基以他所参与的库拉探险为出发点，令人信服地分析了这一区域的贸易体系。莫斯从未做过田野调查，但他的阅读范围很广，是一位优秀的语言学家。他指出，太平洋的大部分地区都存在类似的交流系统，北美西北海岸也可能有相关的实践。[①] 莫斯更广泛的比较视角也许可以说为马林诺夫斯基详尽的民族志增加了一个维度。就索哈尔的分析而言，更加系统地利用本土人类学以外的其他类型数据，本可以更清楚地展示该系统的运作，并且可以更好地了解人们的生活。

---

① Mauss, *The Gift*.

170

另一个局限与历史的作用有关。巴特在本书的导言部分解释了他的立场："显然,用所知较少的过去解释所知较多的现在,用这样的方法设计论点不好。"① 其实这不是论点。如果认为过去对理解现在很重要,那么即使一个人没有第一手的知识,也必将把它纳入分析范畴。巴特对历史感兴趣,只因为它与今天相关,但不是作为一个独立的因果因素。他还指出:"有关过去的知识是如此广泛(部分是书面的,部分是口头的传统,部分是个人的回忆),不同的人对所有这些所知如此不同,说法常常自相矛盾。"②

这并不是说巴特如一些人倾向于相信的那样,没有读过索哈尔和其他地方的历史研究资料,也没有与这些地方的历史研究相关联。在索哈尔的介绍性章节和其他文本中,比如论文《斯瓦特帕坦人的反思》,他展示了关于塑造当今社会的历史进程的充分知识。与此同时,他指出,人类学家通常没有受过培训,也没有能力处理历史材料,因此历史研究只能作为次要来源。这种观点是有争议的,但它符合巴特的自然主义信念,根据这种信念,他的目标是对可以直接观察到的事物给予尽可能真实和准确的描述。

《索哈尔》并不是一本糟糕的书,它完成了预定计划,但是它缺乏巴特早期作品中所具有的民族志细节和敏锐的分析。这个结论是可信的,但不是耸人听闻的。他在其中指出,所有这一切之中,使得索哈尔的居民团结在一起的,是一套处理差异和复杂性的共同准则,有人可能会说,这是一种城市灵活性。这个比喻物不是马赛克,也不是熔炉,而是连接各个部分的"黏合剂"。③ 这种多元化的特点,仍然是海湾国家和包括阿

---

① Fredrik Barth, *Sohar*, p.10.
② Ibid.
③ Ibid., p.21.

曼（严格来说不是海湾国家）在内的一些国家的特点，如果简单地将阿曼与沙特阿拉伯占主导地位的清教徒版本的伊斯兰教相比较，就会变得非常清晰。在后一种情况下，保守的瓦哈比主义自19世纪以来，清除了这个国家的大部分多样性。尽管性别之间以及穆斯林和印度教徒之间存在明显的隔离，但海湾国家给人的印象是被严格的宗教一体性所包围的自由主义绿洲。

在索哈尔，巴特似乎比以前更不自信，也更犹豫不决。在分析了俾路支和阿拉伯婚姻习俗之间的差异后，他写了一些关于少数民族社区和集会的文章。然后他承认他的材料没有提供可靠的基础来识别明显隐藏在俾路支人行为或偏好背后的想法，或认知和情感结构（例如，俾路支男人对体育活动、危险和军事职业更积极的取向，或俾路支妇女在设计、色彩和其他美学表达方面更强的参与和创造力）。①

正如他承认的那样，他有限的阿拉伯语知识是一个实际问题，他还补充说，维肯在田野调查期间和之后在这个领域和其他领域的贡献是无价的。他无法在阿曼获得如阿里·达德或卡什马利这样的人的帮助。尽管有人声称情况正好相反，但有迹象表明，巴特来自阿曼的专著受到维肯的影响比她的阿曼专著受到巴特的影响更大。和维肯的关系对巴特很有帮助，不仅作为一个人，作为一个研究者和人类学家更是如此。他自己也谈到了重生和恢复的经历，这种印象大体上被他在20世纪70年代中期前后的科学成果所证实。之后的巴特没有早期的巴特那么有男子气概，更含糊不清，不仅关心理解社会的复杂性，也关心理解人类的复杂性。从现在开始，他似乎不太关心答案，而是关心问题及其后果。

---

① Fredrik Barth, *Sohar*, p.211

动荡时期

这对夫妇于1974年9月返回奥斯陆,索哈尔的田野调查工作尚未完成便中断了。奥斯陆正沐浴在一个阳光明媚、异常温暖的印度式夏日中,而回到家的这两位人类学家却在发抖。到目前为止,巴特已经认真地开始了他在人类学博物馆的工作,这份工作——就像他的作品一样——在未来十年左右的时间里,并不是完全没有摩擦和困难。

在巴特1961年去卑尔根之前,他曾设想过当耶辛退休后,他有可能成为人类学博物馆的教授,当他在奥斯陆西山买房子时,这个机会是综合考量的一部分。当耶辛最终在1973年退休时,巴特是否会接任这个职务,变得不那么确定了。国外也有吸引人的机会。利奇最近获得了个人教席,他希望巴特在福蒂斯之后申请剑桥教授职位。此外,

游牧的人类学家：巴特的人类学旅途

奥斯陆还有一个成熟的社会人类学系，在那里工作人员可以自由地专注于教学和研究，而不必花费时间和精力在数量庞大的、尘土飞扬的人类学收藏品和临时展览上。尽管奥斯陆的院系在某种程度上受到卑尔根的影响，但它在数量和质量上都在增长。由阿恩·马丁·克劳森、哈拉尔·埃德海姆、英格丽德·鲁迪和艾克塞尔·索默费尔特组成的核心教职队伍倾向于将自己视为不偏不倚的多元主义者，这与卑尔根的"巴特式"环境形成了鲜明对比。他们都做得很好，很称职。埃德海姆是国际公认的民族理论家和挪威-萨米关系研究者。鲁迪也用英语发表了她的大部分作品，并将继续在马来西亚进行田野调查。索默费尔特对百科全书做出了贡献，被认为是一个幽默严谨、冷静自持的杰出讲师，而克劳森即将成为挪威人类学的公众形象，尽管他缺乏巴特那种作为研究者和理论家的声望。

和尤妮·维肯在奥斯陆人类学博物馆
（照片经奥斯陆大学历史文化博物馆允许使用）

动荡时期

　　大约在巴特开始博物馆工作的同时,奥斯陆的这个部门通过招募爱德华多·阿奇蒂而得到进一步加强,爱德华多·阿奇蒂是一位富有创造力和趣味性的阿根廷人,他曾与莫里斯·戈德利和西敏司一起学习,并将在未来几十年里在自己周围建立一个强大的拉丁美洲主义者群体。当然还有其他人加入,学生人数也在增加。

　　在博物馆里,有一小撮人类学家,但没有学生。艾尔维·阿尔弗曾担任讲师,他正在研究他的北非人类学资料,但他永远不会发表这些资料。相反,他最近出版了一本列维-斯特劳斯的《热带三重奏》的雄辩的译本。① 阿尔弗倾向于法国的知识分子生活,他与巴特几乎没有共同之处。两人之间一直存有敌意,当巴特作为教授来到博物馆时,情况并没有改善。

　　他和其他人相处得更好。巴特从阁楼时期就认识约翰尼斯·法尔肯伯格了。法尔肯伯格生于1911年,当他在第二次世界大战后不久写下澳大利亚土著人的社会组织研究时,他可能是第一个出版外来民族志材料的挪威社会人类学家。② 汤姆·斯文森专门研究萨米文化和社会,曾在卑尔根与巴特一起学习。佩尔·比约恩·雷克达尔,后来成为该博物馆的行政领导人,对赞比亚的物质文化进行了研究。简·布罗格也在博物馆,但很快就去了特隆赫姆大学当教授。情况在许多方面与卑尔根不同。博物馆的科研人员不是巴特亲自挑选的,他不能想当然地认为他们会分享他的学术观点。此外,技

---

① Claude Lévi-Strauss, *Tropisk elegi*, trans. Alv Alver (Oslo: Gyldendal, 1973 [1955]).

② Johannes Falkenberg, *Et steinalderfolk i vår tid* ['A Ston-age people in our time'] (Oslo: Gyldendal, 1948). Falkenberg would later achieve international recognition with *Kin and Totem: Group Relations of Australian Aborigines in the Port Keats District* (Oslo: Oslo University Press, 1962).

游牧的人类学家：巴特的人类学旅途

术人员是一个专业且直言不讳的群体，他们并不总是认同学术界的优先事项。在博物馆，巴特还必须比在院系时更大程度地考虑地区多样性。即使博物馆的规模不大，它也旨在覆盖世界上最重要的民族志地区。所以当一个空缺出现时，巴特设法雇佣了哈罗德·贝耶·布罗克，他曾在北美印第安人中间做过田野调查。尤妮·维肯后来被雇用，专门负责南亚事务。不久，东亚学者阿恩·洛克姆被雇用。最后一名新成员是年轻的美拉尼西亚主义者阿尔夫·索鲁姆。

人们通常议论这一切的讽刺意味。阿恩·马丁·克劳森于1973年成为奥斯陆人类学系的教授，是一位纯粹的博物馆人。他是一位好老师，一位优秀的普及者，但他不是一名知识分子领袖。克劳森一直对物质文化充满热情，他的妻子丽芙是手工艺艺术家。他最好的一本书是关于艺术社会学的，他在1957年的博士论文中写了关于婆罗洲达雅克人编织篮子的故事。

巴特的情况几乎完全相反。他一直对物质文化感兴趣，但不视之为博物馆的展品。恰恰相反，他对物品的热情在于它们完美融入社会过程的方式，而来到博物馆工作，一定让他心情复杂。多年来，许多挪威人类学家一直在猜测，如果巴特最终在大学，克劳森在博物馆，可能会有什么结果。克劳森真的申请了博物馆的工作，但是被一个有意见分歧的委员会排在第二位，少数人把他放在第一位。巴特对大学院系不感兴趣。事实上，大学校长感觉到了这种情况，提出他们互换位置，但巴特拒绝了。他想要的是耶辛的职位。

巴特认真对待他对博物馆的承诺，并举办了临时展览，他与博物馆工作的适配程度比许多人意识到的更高。很少有人知道他是雕塑家的学徒，而且他确实对艺术和物质文化保持着兴趣。尽管如此，他对他的教职人员的愿景是，他们应该组织一次展览，然后"在此后的余生里做研究"，正如他在被任命

动荡时期

时对拜尔·布罗克所说的那样。毫无疑问,博物馆人类学家有充足的时间进行研究,他们必须在系里教书,但每周只有两个小时,可以给研究生作指导。巴特亲自指导索伦和其他人获得硕士学位。法尔肯伯格还在,他带着讽刺的幽默感和机智的措辞,给这座摆满桃花芯木家具、陈列着干缩头骨、昏暗走廊充斥着旧日冲突的黑暗建筑增添了一些急需的光亮。然而,巴特公开承认,他无法重现他在卑尔根享受的那种充满活力的学术环境。

这可能与任命拜尔·布罗克的过程中巴特和布林登之间的关系恶化有关。布罗克曾是巴特的候选人,但该部门的同事认为,把这份工作交给雷克达尔更合适,因为他在博物馆工作方面有更丰富的经验。当博物馆的技术人员也反对巴特时,这并没有使问题变得更简单,后来也发生了类似的情况,巴特希望雇用洛克姆,而系里想要利斯贝特·霍尔特达尔,当时霍尔特达尔(和现在一样)在遥远的北方特罗姆瑟,当霍尔特达尔撤回她的申请时,争议就结束了,据称是因为她的丈夫不想离开特罗姆瑟。但是现在,系里和博物馆之间以及博物馆内部的气氛都非常不愉快。当时的招聘过程有些混乱,助长了非正式的游说。巴特也觉得尤妮·维肯没有得到她应得的专业认可。她的第一本书,一本关于开罗贫困生活的通俗读物,于1976年以挪威语出版,当时她正忙于她的博士论文。这本书很受欢迎,并于1980年以英文出版,[①]由尼尔斯·克里斯蒂作序。自从克里斯蒂在开罗从事犯罪学家工作,就对开罗产生了个人兴趣。开罗有许多"松散社会"的特征,但暴力犯罪很少。这本书未能确立维肯作为挪威社会人类学领域受人尊敬的学者声誉。那还得等几年。

---

① Unni Wikan, *Life among the Poor in Cairo* (London: Tavistock, 1980).

时光如梭,事后看来,推卸责任和错误,会带来风险和争议。巴特的反对者把他描绘成一个独裁专制的教授,私下里讨厌博物馆。就他本人而言,他认为系里不合时宜地干涉了博物馆的内部事务,技术人员试图推翻学术上合理的决定。这对任何人来说都不是一个好局面,也让人们无法拿出最佳状态。法尔肯伯格在前往挪威民俗博物馆就职的前几年里,恰好赶在他退休之前,需要他尽可能发挥轻松对话的技巧,尽量保持幽默的超然态度。

部分原因是,当时国内没有可以让巴特共事的专业团队,但也因为这被认为是教授的职责,所以他加入了社会研究委员会,这是挪威研究委员会的核心委员会之一。他取代了格伦霍格,格伦霍格将社会人类学恰当地置于需要资助的学科版图上,完成了一项重要的工作。在此期间,田野调查的资助和新项目的资金相继到位。直到20世纪80年代末,巴特对社会人类学的大多数新研究项目都有直接影响,但他并没有感觉到研究委员会是一个学术群体。

巴特在20世纪70年代中期还需要面对其他问题,特别是专业批评,这总比应对博物馆内复杂的矛盾冲突要好。尽管巴特40多岁,但他那时已经成为世界人类学领域的资深人物,自《模型》出版以来,针对他的理论立场的批评话语明显增强,在政治化的20世纪70年代变得不那么委婉。他不再是一个年轻而有天赋、能够发表具有挑战性专著和文章的反传统者,而是一个有影响力的教授,在职业生涯中期,他的特殊地位很容易招致批评。

对巴特的批评来自几个方面,主要集中在一些相关问题上。除此之外,他不得不面对来自后殖民主义和/或马克思主义的批判,这种批判主要对他的方法、对斯瓦特的权力关系描述和分析提出了疑问。还有认识论批判,从根本上质疑他对社会生活过程的自然主义观点。甚至一些对他斯瓦特研究较为肯定的早期评论者,也对他的一些选择表示怀疑。劳伦斯·克拉德在他的《美国人类学家》的评论中写道,很不幸,巴特没有把他对斯瓦特帕坦人的分析放在一个更为广泛的区域背景下,没有考虑把其他无国籍人群的聚集地包括进去。① 在克拉德看来,这种民族志短视削弱了这本书的区域相关性。泰然面对这种反对是相当容易的。巴特的项目主要是分析性的,尽管他也对该地区的民族志作出了贡献。

马克思主义者的批评更加强硬。塔拉勒·阿萨德从阶级的角度重新解释了巴特的材料,并认为土地所有者和劳动者之间的纵向矛盾比土地所有者之间的横向竞争重要得多。② 阿萨德还看到了随着小土地所有者被迫停业,财产日趋集中和不平等趋势加剧。因此,他声称向中央集权封建社会过渡的历史发展即将发生。阿萨德的文章在20世纪70年代很受欢迎,他的作品经常和巴特的原创文章一起被列入阅读清单。巴特很快就会对阿萨德的批评做出回应,③他指出,当他用种姓和继嗣群等概念来描述帕坦人的组织时,这不是他的发明,而是帕坦人的概念,用来解释他们是谁。相比之下,阿萨德的阶级概念对斯瓦特来说是陌生的。巴特和阿萨德之间的一个关键区别是,阿萨德使用了所谓的普遍概念,如阶级,即使它们不构成当地文化的一部分,巴特会把当地或"内部"理解作为出发点,以考虑当地的条件。应该提到的是,巴特与阿萨德有着良好的个人关系,他们在喀土穆相识,后来,阿萨德因世俗主义和宗教方面的研究而受到广泛尊重。

---

① Lawrence Krader, Review of Barth, *Political Leadership among Swat Pathans*, *American Anthropologist* 63,5(1961): 1122-1123.
② Asad,'Market Model, Class Structure and Consent'.
③ Fredrik Barth,'Swat Pathans Reconsidered', in Barth, *Features of Person and Society in Swat: Selected Essays of Fredrik Barth*, Vol.2 (London: Routledge & Kegan Paul,1981), pp.121-181.

与阿萨德的文章主题相同,一部更全面的作品是阿克巴·艾哈迈德的书《帕坦人的千年和魅力》,[1]对巴特关于斯瓦特的作品的重新解释和分析是该书的主要议题之一。艾哈迈德认为,缺乏历史深度使巴特无法看到不可逆转的变化过程,并批评他的方法论个人主义导致了族群中心主义的解释,而一个更全面的视角将表明行动者的策略和行动不能解释系统的维持。巴特也对这一批评做出回应,还详细描述了斯瓦特的相关历史进程,但是他的主要回应是提醒读者注意他的研究目标。他的目的不是像早期人类学家那样描述"整体社会",而是辨明个人策略产生具体结果和生成应对策略的背景。他回答批评者的文集不是《斯瓦特的人与社会》,而是《斯瓦特的人与社会特征》。在回应他的批评者时,巴特也表达了一定的愤怒,认为他们批评了他的研究,却没有提出新的实证数据。[2]

1967年,法国人类学家路易斯·杜蒙发表了他关于印度种姓制度的著作《阶序人》。[3] 与此同时,他用英语发表了一篇被广泛阅读的文章,[4]他认为种姓主要是印度文化的一个方面,而不是社会结构的一个方面。在这两部作品中,杜蒙相当重视巴特对斯瓦特的研究,并反对巴特的一些解释。杜蒙的分析基于这样一个假设,即人的概念在根本上是不同的,印度

---

[1] Akhbar S. Ahmed, *Millennium and Charisma among Pathans: A Critical Essay in Social/ Anthropology* (London: Routledge & Kegan Paul, 1980).

[2] Fredrik Barth, 'Swat Pathans Reconsidered', p.122.

[3] Louis Dumont, *Homo Hierachicus: The Caste System and Its Implications*, 2nd edn., trans. Mark Sainsbury, Louis Dumont and Basia Gulati (Chicago: University of Chicago Press, 1980[1967]).

[4] Louis Dumont, 'Caste: A Phenomenon of Social Structure or an Aspect of Indian Culture?' In A. de Rueck and J. Knight (eds), *Caste and Race: Comparative Approaches* (London: Churchill, 1967), pp.28-38.

人的概念是以社会为中心的,而西方人的概念是以自我为中心的。杜蒙认为,由于这个原因,用西方博弈论来理解帕坦人的行为是没有意义的。因为尽管帕坦人不是印度教徒,但他们在文化上被印度教所包围。与此同时,杜蒙在告诫人们不要在斯瓦特职业类别上使用种姓概念时,似乎自相矛盾,这恰恰因为帕坦人不是印度教徒。①

巴特回应道,杜蒙夸大了差异。同样的,基于个体的行动逻辑在一个集体主义意识形态的社会中,比如印度,也是有效的,就像在西方一样。一个人只要稍微聪明一点,就会在行动之前回过头来看看,多做一些慎重的考虑,然后采取行动最大化自己的利益。他用简明易懂的表述方式清楚地表明自己和涂尔干主义者杜蒙之间的区别:

> 在我看来,他似乎完全是在用一种(高度选择性和智识化的)种姓社会的本土模式来说话,而忽略了在可能的条件下,将这种模式转变为一种种姓行为的行动者模式的问题意识。一如既往,我的关注主要集中在后一个焦点上,试图找出隐藏在经验模式背后并产生这些模式的因素。②

他用来分析巴克塔曼人仪式生活的方法正是这里推荐的方法:他不是假设一个潜在系统的存在,而是从人的行为和解释开始,从这些无可争议的事实中回溯,寻找潜在的模式和制约因素,这些模式和制约因素本身是由相关的社会过程产生的。

对巴特理论观点的大部分批评和讨论都遵循类似的思路,但他认为其中一些批评比杜蒙和阿萨德的更有意义。这

---

① Louis Dumont, *Homo Hierarchicus*, p.208.
② Fredrik Barth, 'Swat Pathans Reconsidered', p.152.

些批评者部分怀疑他的经验主义研究方式,认为他过度关注互动,忽视了系统和结构;另一方面,批评者对他倾向于将一切视为最大化策略的做法感到沮丧,既便是在象征意义和存在意义同样重要的场合。例如,当人们在一起玩得开心时,试图理解他们如何采取一部分策略,做到快乐最大化,这显得有些矫揉造作。如前所述,首批对巴特1966年论文《社会组织模型》进行彻底批判性阅读的人之一是罗伯特·潘恩。[1] 而布鲁斯·卡弗勒编辑的《交易与意义》一书,对巴特早期作品(包括《模型》)开展了最全面的批判性讨论。[2] 特里·埃文思在1977年的《美国人类学家》杂志上写了一篇详细的评论,对他所认为的巴特的方法论个人主义提出了质疑。卡弗勒和埃文思都来自曼彻斯特学派,后来卡弗勒成为卑尔根巴特曾任职院系的教授。

格伦豪格写了一篇题为《交易与意义》的文章,作为油印本流传多年,但从未正式出版。[3] 格伦豪格试图调和巴特和列维-斯特劳斯的观点,以米切尔的《卡莱拉之舞》[4]为主要例证,该书是罗兹-列文斯顿研究所的研究成果。像格伦豪格的大部分理论作品一样,这篇文章值得拥有比现在更多的读者。

大部分的批评都沿袭相关的理路,而且多数批评者都表示出对巴特项目的同情。他们认为,他对结构功能主义和其他抽象社会理论的尖锐批评是一种值得称赞的努力,旨在清

---

[1] Paine, *Second Thoughts about Barth's Models*.
[2] Bruce Kapferer (ed.), *Transaction and Meaning: Directions in the Anthropology of Exchange and Symbolic Behavior* (Philadelphia: Institute for the Study of Human Issues, 1976).
[3] Reidar Grønhaug, 'Transaction and Signification: An Analytical Distinction in the Study of Interaction' (unpublished paper, 1975).
[4] J. Clyde Mitchell, *The Kalela Dance*, Rhodes-Livingstone Papers 27 (Manchester: Machester University Press, 1956).

除阻碍视野的枯木病树。他坚持关注行动者,关注他们的动机,关注他们为了实现目标试图充分利用自身处境所引发的社会过程,这些有点像一股新鲜空气,具有启发性。巴特遵循着一个以行动者为中心的社会研究者的传统,这个传统可以追溯到韦伯,甚至可能追溯到大卫·休谟和他的经验主义。这种传统在经济学和政治学中很常见,但在人类学中却一直没有得到很好的体现。这可能是因为学者对民族志担当的坚守,使发展正式的互动模式变得困难,投鼠忌器,怕忽略具体的脉络。尽管巴特渴望用简单的生成模型来解释观察到的行为,但批评者们还是因为他保持了人类学家的可信度而予以了赞扬。

然后,提醒和反对就来了。潘恩逐章系统地讨论《模型》。他最大的反对意见是巴特没有充分考虑权力、胁迫和武力,交易不足以实现文化融合。关于最后一个论点,潘恩引用了《族群和边界》一书。在这本书中,交易确实发生在边界之外,没有群体变得相似或发展出共同的身份。然而,这不是他最强有力的论点,跨越族群界限的交易往往是零星的,通常是仪式化的。关于权力,潘恩还提到其他人,他们指出,即使奴隶理论上可以宣布自己自由,但代价却是死亡。在这种情况下,用"规约和激励"来谈论权力似乎是不够的。此外,潘恩很难接受巴特的价值观。他表示,尽管多次谈判和尝试交易,但一致的价值标准不一定会出现,中间商或创业者并不总能成功地将两个不同的场域联系起来。相反,它们往往有助于巩固估价上的差异,然后更多地充当翻译,而不是整合的代理人。

《交易与意义》中也提出了相关的论点,其中大部分作者都是出生于20世纪40年代的人类学家,就像卡弗勒本人,包括唐·汉德尔曼、安德鲁·斯特拉斯恩、迈克尔·吉尔森南、A.P.科恩、约翰·科马洛夫和大卫·帕金。潘恩也写了一篇文章。一些论文作者尝试在意想不到的场域使用交易模型,例如言语交流,一些人还试图进一步发展巴特的交易主义。尽管如此,他们中的大多数人还是看到了模型的严重局限性,除了已经提到的反对意见之外,卡弗勒指出,人们并不总是知道他们为什么要做他们所做的事情——或者说,人类的互动没有巴特想象的那么理性和目标导向。此外,卡弗勒和其他几个人认为,社会进程不仅仅是微观层面战略决策和行动的产物,也是行动者不可能意识到的结构性条件的产物,包括他们自己活动的意外后果。

在巴特以《重新思考的模型》一文回应批评者之前,已经过去了几年。① 他借此机会做了一些澄清。最重要的是,他指出他不是写个人,而是写角色——也就是活动(正如萨特所说,"存在先于本质")。② 人确实执行特定的任务,但他们不是作为全人类,而是作为一个角色的创造性和策略性的执行者,无论是获得的还是被赋予的。与功利主义者本身不同的是,他并没有说人们天生就是策略行动者,而是说人们以这样或那样的身份实施的策略行为会产生规律性和社会形式。前提是,在接受审查的过程之前已经存在身份差异,并且个人因其身份而有特定的任务或可能性。基于这一前提,牛津人类学家埃德温·阿登可以稍微开玩笑地将交易主义描述为向"功能主义的最高阶段"迈进。③ 巴特还会反驳他不关心权力差异的说法,并且很难知道人们根据哪些价值观行事。他认为,这可以通过民族志来研究。

---

① Fredrik Barth, 'Models Reconsidered', in Barth, *Process and Form in Social Life: Selected Essays of Fredrik Barth*, Vol. 1(London: Routledge & Kegan Paul, 1981), pp.76-105.
② Sartre, *L'Existentialisme est un humanisme*, p.26.
③ Edwin Ardener, *The Voice of Prophecy and Other Essays*, ed. Malcolm Chapman (Oxford: Blackwell, 1989), p.56.

辩论还在继续。当我在20世纪80年代还是一名学生的时候,关于巴特的模型、交易和意义之间的关系、社会交往中规范对选择和即兴创作的重要性以及双重概念价值/各种价值观,仍然存在着激烈的争论。人们并不总是要追求利益最大化。有时我们只是按照别人告诉我们的去做,也许是因为我们不敢拒绝,或者我们可能以价值理性而不是目标理性的方式行事(用韦伯的术语来说)。顺便说一句,对巴特交易模式的辩护来自几年后一个意想不到的场域,当时身为法国马克思主义人类学家的爱德华多·阿奇蒂驳斥了交易需要在严格的经济意义上最大化的观点。阿奇蒂认为,人们做出的选择实际上可以理解为道德选择,因为它们与文化定义的价值观有关。① 这是非常重要的一点。巴特没有把整个人简化为"理性的行动者"。首先,他写的是角色,而不是整个人。其次,理性的定义是地方性的,因此被认为有价值的东西因地而异。

20世纪70年代末,一些书籍和文章相继出版,它们对最初由诺伊曼和莫根斯蒂纳提出的博弈论进行了完善和修订,定义了研究网络的新方法,以及社会生活中令人质疑的交易模型。巴特的《模型》在许多文献中是一个基准或目标,或者两者兼备,尽管它作为一个完整的社会理论显然是不够的。他使我们明白,当人们面对多种选择时,如何充分利用好自己的处境,调动什么样的资源来达到这个目的,以及如何通过行动的条件反馈,实现这些行为的系统效应。安东尼·吉登斯在他广为阅读的著作《社会理论中的中心问题》中讨论了巴特的交易分析,他在书中得出结论,所有的互动原则上都可以作

---

① Eduardo P.Archetti,'Argentinean Tango: Male Sexual Ideology and Morality', in Reidar Grønhaug, Gunnar Haaland and Georg Henriksen (eds), *The Ecology of Choice and Symbol: Essays in Honour of Fredrik Barth* (Bergen: Alma Mater, 1991), p.283.

游牧的人类学家：巴特的人类学旅途

为策略行动来研究。① 与此同时,吉登斯做出了著名的补充,必须研究不由行动者选择的行动的条件——社会学家倾向于称之为社会结构。巴特倾向于称之为涌现形式,这种差异是显著的。对他来说,社会生活由运动和过程组成,而不是固定的结构。

在此期间,巴特还主动发起人类学论战,为此作出贡献。1972年,英国人类学家科林·特恩布尔出版了专著《山地人》,这是一本关于乌干达和苏丹边境地带伊克人的通俗读物。② 巴特对特恩布尔关于伊克人的描述反应非常强烈,他认为这是一种冒犯和不道德的行为。

特恩布尔的书卖得很好,甚至被彼得·布鲁克成功地改编成戏剧,它旨在记录一个民族的分裂——道德上、经济上、政治上、社会上的分裂。巴特把这本书看作是对一个小部落的卑劣伏击,这个部落本不应该成为他们周围干旱和政治动荡的受害者。1974年,他在《当代人类学》上发表了一篇短文——《责任与人性:有一个同事要负责》。③

关于特恩布尔的简短评论很有趣,不仅仅是因为它的伦理考虑,还因为巴特这一次允许他自己对人类学的目标有一些规范的观点。他首先指出,人类学必须停止成为"富人的爱好",要成为一门"专注的学科"。④ 人类学必须冷静和中立,他继续说,当人类学努力达至对人类状况的更深刻理解时,它必须超越松懈的宽容和(文化相对主义)价值自由。因此,人类学家必须对彼此负责,并且在他们自己作为客人的田野调查

---

① Anthony Giddens, *Central Problems in Social Theory* (London: Macmillan, 1979), p.95.
② Colin Turnbull, *The Mountain People* (London: Jonathan Cape, 1973).
③ Fredik Barth, 'On Responsibility and Humanity: Calling a Colleague to Account', *Current Anthropology* 15, 1(1974): 99-103.
④ Ibid., p.99.

中,对本土人负责。在20世纪70年代早期,当时的人类学研究伦理仍然是一个相当不系统的领域,很少有效的制裁措施来制裁在该领域违反公共行为准则的同事。这种情况很快就会改变,如今研究伦理已经正式化和全面化,伦理准则已经被主要的人类学学会采用。

巴特补充说,人类学家不请自来,他们利用域外民族是为了他们自己的职业,他们也依赖于把自己作为研究工具,这意味着他们在田野调查工作中投入了自己的个性。在巴特的严厉评判中,特恩布尔滥用了伊克人的信任,他的书在逻辑上是不充分的,在实证上是站不住脚的,并且对作为他描述对象的群体是蔑视的。特恩布尔似乎没有试图对自己的研究对象做匿名处理,他公开谈论偷牛、非法狩猎和其他活动,如果这本书被当局知晓的话,可能给伊克人带来严重问题。他以讥讽的笔调描写"打老婆的畅快消遣",并用新闻语言描绘伊克社会完全灰暗的画面。事实上,伊克人正处于饿死的边缘,而特恩布尔独自在小轿车里吃罐头食品。在书的结尾,特恩布尔对我们自己可能从伊克人那里学到的关于我们自己的文明、日益增长的利己主义、破碎的家庭等方面的教训,进行了哲学思考。巴特无法抑制自己对特恩布尔在书中——在他看来——表达的多愁善感、族群中心主义和情商的根本缺乏的厌恶。

科林·特恩布尔很生气,拒绝回应,但他一定感到焦虑。这本书在挪威版出版几个月后,我在大学校园附近的普通咖啡店里遇到了一位老人。他介绍说自己是一名医学研究员,读过我的传记,并补充道,多年前他曾在塞内加尔的一次会议上与特恩布尔待了一周。特恩布尔得知他有一个挪威人陪同,就问起了巴特,我的新朋友证实他对巴特略知一二。"好吧,如果你见到他,你会为我杀了他吗?"特恩布尔带着一丝微笑说道。

游牧的人类学家：巴特的人类学旅途

　　巴特持重的风格和追求知识的自然主义理想，可能会转移人们对其人道底色的注意，这也是理解他作为一名成功的田野工作者的关键。在卑尔根和博物馆里，他可能无疑是一位意志坚强的优秀男性，无疑是一棵投下长长荫影的大树。他有一种个人魅力和天生的权威感，这意味每个房间都充满他的存在。但与此同时，巴特对人类同胞持有深深而真诚的同情，这是他保证研究质量的必要前提。在《巴克塔曼人的知识和仪式》的序言中，他写道，只有在咨询司仪基布诺克之后，自己才对宗教秘密进行描述，后者允许他让遥远地方的人们知晓巴克塔曼人的仪式；但条件是不得误用这些真理、事物的秘密名称和仪式的精华。前言快结束时，巴特恳求他的读者注意这个责任。

　　这种告诫并不愚蠢——如果有人认为这种行为愚蠢的话。不是所有的事情都是直接说出来的，或者是与每个人分享的。秘密知识是在不应该分享给他人的前提下传授的，必须保密。正是由于巴特能够保守秘密，他才被允许直接升入第六级通过仪式，如果反过来他没有理解这种信任的意义，他将会是一个情商不高的人类学家和个体。

　　虽然巴特在国际上仍然很活跃，但在20世纪70年代，他没有像以前那样制定研究议程。马克思主义和结构主义这两大理论体系构成了这十年间大多数主要专业辩论的框架，巴特对个人生活世界及其项目的方法论偏好与这些大理论几乎没有共同之处。他不关心他们，他们也不关心他。在这十年的前半段，除了必须用新的富有挑战性的方式处理自己的个人生活之外，他还努力完成研究巴克塔曼的书。正如他所说："虽然60年代的生产力一帆风顺，在某种程度上，一切都成功了，但是巴克塔曼人是一个相当大的学术和职业挑战。所以我在那本专著上花了好几年时间。"[1]有关索哈尔

---

[1] Hviding, *Barth om Barth*.

的专著在田野工作结束时隔八年之后出版,这个倾向性做法被保持下来。

与尤妮·维肯的生活也包含了新的优先事项。莫莉会处理所有的家务,而巴特和维肯建立了另一种更公平的分工。正如每一位同时是配偶和父母的学者所知的,与伴侣和孩子密切相处,会很明显地从研究工作中分心。维肯正处于学术生涯的开端,还没有提交论文。她的开罗研究书稿并没有作为学术著作发表,她需要一个学位才有资格进入学术的就业市场。由于这个原因,在使用索哈尔的田野资料方面,维肯比巴特更存在利害关系。巴特在制定自己的计划时必须考虑到这一点。当发现维肯怀孕时,他们取消了继阿曼之后赴阿富汗做田野调查的最初想法。于是,这对夫妇在1976年改去印度,巴特在德里和其他城市讲课。同年,西敏司邀请两人担任约翰·霍普金斯大学的客座教授,他们于1977年春天到达那里。他们的小儿子吉姆·法尔哈德·维肯·巴特也在这次旅行中出生。

文化复杂性

但是,我从心里知道我想在知识社会学方面做点什么。我认为结构主义文化对深层结构基础模式的描述,指向了错误方向,它把我们从现实生活引向非常抽象的事物。我想要的是在生活环境中学习文化。这必须是知识社会学。他们知道什么,他们活动的知识基础是什么?他们做什么?他们通过所作所为获得的经验如何影响先在的信仰?这种反馈效应,换句话说,文化传统如何出现……不是它如何起源,而是它如何发挥功能造成微小变化。[①]

巴特是在1977年访问斯瓦特时建议瓦利米安古尔·贾汉泽布写自传的。出生于1908年的瓦利,明显变老了。他是斯瓦特最后一个瓦利,因为

[①] Iver B. Neumann, 'Antroportrettet: Fredrik Barth', *Antropress* 4 (1982), p.7.

文化复杂性

这个山谷现在至少在形式上是巴基斯坦共和国不可分割的一部分。

瓦利对这个想法很感兴趣,但是提出一个条件,即由巴特来完成这本书。这自然是极大的荣誉和真正的信任的一种表现,实际上,即使索哈尔的材料尚未得到充分分析和整理,巴特也无法拒绝这个提议。4月,巴特、维肯和三岁的吉姆去了斯瓦特,在那里他们一起度过了两周时间。巴特随后留在山谷里,而瓦利口述了他的自传,巴特在中间仅仅问了几个问题、做了若干评论。

巴特20世纪80年代早期在人类学博物馆
(照片由奥斯陆文化史博物馆允许使用)

游牧的人类学家：巴特的人类学旅途

瓦利经历了重大的结构性变革。第一个访问山谷的英国人在他出生前 13 年才到达那里。当时，这是一个不稳定和政治动荡的地区，富有的土地所有者之间经常发生冲突。瓦利九岁时，在他父亲的领导下，斯瓦特国成立了。从 1917 年到 1969 年，斯瓦特首先被英国，然后被巴基斯坦正式承认为一个自治的王国。很长一段时间那里没有学校，只有少数毛拉识字。道路不多，也不好走。现任瓦利于 1949 年掌权，他鼓励缓慢而谨慎的现代化。他在 1950 年废除了农奴制，并确保学校建立，甚至还有一所学院——贾汉泽布学院。巴特 1954 年 3 月抵达斯瓦特后不久就去了这里。在巴特的田野调查期间，那个社会正慢慢适应全球现代化的时代，但传统习俗和观念仍然存在。

在传记的序言中，巴特明确表示他不想改变瓦利的故事，他认为自己主要是一名秘书和协调人。相反，他给这本书加上了一个冗长的附言，陈述了"对人类学家和政治科学家来说很重要"的主题。① 这样，他成功地保持了对瓦利的忠诚，并且在转身离开的时候不会滥用对他的信任，在背后捅刀。同时，他用附言来补充主人公的主观回忆，对实际情况进行较为平衡的描述。

出于传记的设计，后记的写作风格不同于巴特关于斯瓦特的纯学术出版物。行文更多是叙述性而非分析性的，同时其目的显然是为了提高读者对分析的理解。这篇文章可以被解读为斯瓦特 20 世纪的政治简史，并以自身的方式代表了一种生成过程分析的版本。最重要的是，巴特展示了两件事：首先，很明显，斯瓦特河谷的领导层必须不断吸纳新因素，这主要是与外部世界接触增加的结果。尽管直到 1969

---

① Fredrik Barth with Miangul Jahanzeb, *The Last Wali of Swat: An Autobiography as Told to Fredrik Barth* (Oslo: Universitetsforlaget, 1985), p.153.

192

文化复杂性

年,英国和巴基斯坦都没有实现对该山谷的政治控制,但现在的瓦利和他的父亲都必须积极与占有中心位置的强大政治精英保持联系,他们知道,如果做出错误或怠慢的举动,就会面临军事入侵的风险。瓦利走向现代化的步骤,从军队的专业化到基础设施的改善,必须从这种不稳定的关系来看待。其次,本书附言揭示了治理喧闹的汗和有影响力的宗教领袖,以及维持大家庭内部和平所需的政治家素质。在他年轻时,很长一段时间里,瓦利对他的父亲来说就像一个陌生人,他和兄弟们的关系复杂而紧张。归根结底,他谁都不能相信。

> (他被)奉承者、机会主义者和敌人,还有许多诚实能干的伙伴包围。他总会发现,自己要完全独立做出最终判断:必须做什么、信任谁、惧怕谁、事件的预兆是什么以及他的最佳选择在哪里。①

在失去正式职位几年后,瓦利仍然是斯瓦特的重要政治力量。在他的叙述接近尾声时,他承认自己渴望退出权力斗争,搬到一个只有四五间卧室和五六个仆人的小房子里——一种"普通的中产阶级生活"。② 同时,他意识到这样的转变在现实中是不可能实现的,因为他对家庭成员和山谷中依赖他的许多佃农负有义务。尽管斯瓦特现在已经融入巴基斯坦,但它过去是,现在仍然是,一个权力可能成为沉重负担的社会,因为它带有如此多的不确定性和责任。在瓦利口述回忆录后不久开始的对苏联占领阿富汗的武装抵抗期间,斯瓦特是美国支持的圣战民兵得到最强支持的地区之一,这些民兵

---

① Fredrik Barth with Miangul Jahanzeb, *The Last Walt of Swat: An Autobiography as Told to Fredrik Barth* (Oslo: Universitetsforlaget, 1985), p.181.
② Ibid., p.152.

193

后来演变成塔利班。宗教和世俗权力之间的紧张关系在斯瓦特有着悠久的传统,现在正转化为宗教权力和国家之间的冲突。

巴特、维肯和他们的儿子在斯瓦特享受着瓦利的热情款待,巴特还会见了他的老仆人和朋友卡什马利。好像绕了一整圈又转回来了。他再也不会在斯瓦特做田野工作了,不过,在柯尔论文奖事件发生20多年后,当斯瓦特的瓦利亲自要求他写传记时,他得到了补偿。

他现在有两本书要写,索哈尔研究专著和瓦利传记。此外,他在博物馆每天都有一个艰巨的任务要处理,还有新家庭的挑战。有了吉姆,巴特将成为不同于第一次婚姻中的父亲,他现在积极参与儿子的幼时生活。尽管项目堆积如山,当挪威国家广播公司(NRK)联系他,想制作一系列关于文化差异的电视节目时,他还是接受了。博物馆人类学家几乎没有教学义务,但科普更为重要。因此,巴特通过电视向更多的观众解释人类学似乎是很自然的事情。

事实上,巴特一直喜欢向广大的非学术观众讲述和写作人类学,尽管他以前很少找到机会优先考虑这类活动。他用挪威语写了几篇关于发展问题和理解其他社会的重要性的文章,现在他希望通过在屏幕上发表演讲,为拓宽挪威公众对这一学科的视野作出贡献。

即使按照20世纪70年代的标准,这些节目的预算也一定很低。如果是我们这个时代的电视迷,在一个拥有多频道电视和遥控器、美国连续剧、商业广告、脱口秀、《辛普森一家》和《黑道家族》的世界里长大,看这个节目,仍然会觉得它们是历史珍品:一瞥电视世界,在那里录制的幻灯片演讲就能是迷人的、有启发性的、娱乐性的电视节目。

20世纪70年代末的时间明显比我们的慢。挪威只有一个电视频道,从下午5:55播放到午夜左右。仅在五年前,彩

文化复杂性

色电视才被引入基督教保守派的抗议活动。在当今的多频道世界里人们很难理解，那时上电视是一件严肃而庄重的事情。如今，大多数节目都带有一丝讽刺意味——这是后现代状态的引号——甚至连政客都被期望开一个奇怪的自嘲玩笑。如今，很少有单一的电视节目能在大众的心目中经久不衰。一个新系列可能需要一个季节或更长时间才能确立自己的地位，在人们开始注意到你之前，你必须在电视上出现很多次。

当时情况并非如此，巴特回忆说，1979年秋天，他生平第一次感觉自己像个名人，在街上陌生人会上前打招呼。他可能是世界著名的人类学家，但在国内公共领域，他相对默默无闻。

换句话说，不仅仅是我，还有成千上万的其他人，都是第一次接触到这位现在已经头发花白、留着小胡子、魅力非凡的人类学博物馆教授。在我回忆这些节目时，[1]巴特大部分时间都待在他那巨大的深棕色办公桌后面——右边是一个地球仪，用一种慈祥的声音谈论巴赛里人和他们从半沙漠地区流浪到山区的经历、新几内亚雾蒙蒙的森林的通过仪式、阿曼的性别隔离和斯瓦特的权力斗争。偶尔，镜头会转换成幻灯片，大部分是黑白的，这些来自他的民族志田野考察。

一个基本的人文信息隐含在这个普及性叙事的底层。巴特试图告诉我们，有许多道路可以通向美好的生活，在正确理解他人的生活之前，我们不应该作判断，来自他者的至要洞见最终并不关乎他们，而是关乎我们自己。他让奇异变得熟悉，也让熟悉的变得奇异。我不记得他是否说得如此明确，但看过这四个节目后，我坚信西方的一切都可能不同。这是一种

---

[1] Fredrik Barth and Ebbe Ording, Andres liv-og vårt ('The lives of others-and ours'), four-programme TV mini-series (Oslo: NRK, 1979).

思想解放，也激发了人们对更多东西的欲望。两年后，我开始学习社会学，打算在第一年后继续学习社会人类学。我这样做了，但是巴特从来没有正式教过我们这些学生。他离我们只有几公里远，但作为一年级学生，我们通过年纪大一些的学生低声议论得知，系里和这位博物馆教授之间的关系还有很多不尽如人意的地方。

第二年，《他者的生活和我们自己的生活》（以下简称《他者的生活》）出版了。封面上是巴特和巴克塔曼启蒙运动领袖基布诺克。这位人类学家穿着短裤，基布诺克戴着阴茎套，头发和脸上有装饰性饰物，茂盛的植被构成了背景。这本书由挪威最大的图书俱乐部发行，这是当时一家规模很大的企业，该书很可能是巴特有史以来最畅销的书。一部社会人类学的学术专著如果销量超过一千本，就被认为是相当不错的。巴特的几本书被反复重印，但印刷量很小。

巴特以前写过流行的文章。事实上，他在库尔德斯坦和斯瓦特的田野调查工作为奥斯陆报纸《世界时间》提供了半打文章，后来他通过另外几篇面向挪威普通观众的短文，展示了自己善于大众化的才华。他发现生动事件的能力，以及他对具体个人活动的兴趣，也是一个广受欢迎的人类学家的优秀资质。《他者的生活》是一本关于复杂问题的简单的书。目的不是让读者相信巴特的分析观点是优越的，而是呈现地球上丰富多样的人类生活方式，使人们为之惊叹、敬畏，并加以尊重。巴特像马林诺夫斯基和列维-斯特劳斯一样，对无情的现代化和单向度的发展理念表示担忧，这些理念正在侵蚀小民族的生活世界。毕竟，20年前，他已经表明，当巴赛里人可以像游牧民一样生活时，他们的生活质量比他们成为定居的农民、忠诚的公民和顺从的纳税人时要高。

就像在此背景下，当它转化为规范的公共教育时，社会人类学必须辨明启蒙人文主义和前现代社会保守主义浪漫化之

文化复杂性

间的细微界线,并站对立场。巴特几乎不能被视为保守的浪漫主义者。然而,他确实注意到了通往地狱的道路是如何被发展项目背后的极大善意铺就的——如果传统上生活在一起的个人和整个人口正在被"发展",而没有被问及更喜欢如何被"发展",他们是如何失去自尊和对自己能力的信心的。他们的周边机会,用他喜欢的一个概念来说,变得更糟了。他们几代人所汲取的实用知识迅速贬值,最终完全失去价值。他们从祖先那里继承的技能和智慧在一夜之间变得无效。这是巴特在一篇文章中传递的信息:他告诫人们不要设计没有考虑当地条件的开发项目,从《他者的生活》可以找到同样的信息。这种观点无疑为大多数人类学家所认同,但这并不等于说事情应该保持原样,而是说应该尽可能根据当地条件进行变革,这样,对接受变迁影响的人们而言,可能仍会认为自己有能力做出自己的选择。

大约在这部电视节目在挪威社会掀起波澜的同时,移民的经济、文化和社会可能带来的影响,也进入包括斯堪的纳维亚社会在内的西欧社会的议事日程。巴特基本上没有参与这场辩论。相反,格伦豪格和维肯都以各自的方式参与其中。

有关巴特研究的次要文献继续增多。斯瓦特的文章现在是标准参考文献,并被列入西方世界政治人类学的阅读清单。这本关于巴赛里人的书成了每个研究游牧民族的人的必读之作。《社会组织模型》仍然是理论和认识论辩论中的一个共同参考。到目前为止,不管什么学科,几乎所有研究族裔的人都引用了《族群和边界》的导论。甚至关于巴克塔曼人的书也开始吸引美拉尼西亚小社区之外的读者。

在挪威,巴特越来越多地被非人类学家发现,不同的读者在他的作品中看到完全不同的东西。前面提到的阿恩·纳斯(1912—2009年)从实证主义强硬派转变为怀疑论者和生态哲

197

游牧的人类学家：巴特的人类学旅途

学家,他在1969年写了一本名为《哪个世界才是真的》的小书。① 在写这本书的时候,他联系了巴特,阅读了他的一些核心著作。书中整整一章致力于把文化相对主义作为一种方法论手段,人类学的目光似乎把纳斯推向了他的怀疑论哲学的立场。因为即使物质世界确实独立于人们的想法而存在,但我们经验中的世界是社会建构,在某种程度上甚至是个人建构。当采矿工程师看着一座山时,他看到的东西与登山运动员或滑雪者在注视同一座山时看到的完全不同。人类学的比较方法所基于的这种观点为纳斯的哲学怀疑论提供了有用的理论支持。你看到的不仅仅取决于你在看什么,还取决于你用什么来看。简而言之,这种见解构成了巴特知识人类学的基本前提。

达格·奥斯特伯格（生于1938年）对巴特的解读截然不同。奥斯特伯格和巴特一样,曾是一位早熟的青年,23岁时他深受大陆社会哲学和解释社会学影响,他在1961年关于斯堪的纳维亚实证主义的论争产生了广泛影响。奥斯特伯格反对社会科学的自然科学模型,指出人类行为是模糊性的和不可预测的。

奥斯特伯格后来广泛研究萨特的哲学。在《社会理论和效用理论》一书中,②奥斯特伯格批判性地讨论了巴特对莫尔海岸外渔船的分析。他的主要反对意见是巴特对船上相互作用的分析是一种解释,而不是对一系列事件的自然描述。他的结论是,虽然生成过程分析不可能产生预测,但它可能发展出"巧妙的后预测",即对已经发生的事情的解释。从这一分析还可以看出,其他解释可能是可信的。

---

① Arne Næss, Hvilken verden er den virkelige? —gir filosofi og kultur svar? ['Which world is the real one? —do philosophy and culture provide the answer?'] (Oslo: Universitetsforlaget, 1969).

② Dag Østerberg, Samfunnsteori og nytteteori ['Social theory and utilitarian theory'] (Oslo: Universitetsforlaget, 1980).

纳斯赞扬巴特对知识和生活世界的文化相对主义态度，奥斯特伯格则斥责他是一个简化主义者、实证主义者和功利主义者。巴特成为真正原创思想家的原因或许在于，这两种观点都是对的。奥斯特伯格指出另一个完全正确的观点，正如对渔船上相互作用的可信解释会给出不同的结果一样。人们甚至可以想象一个生成过程分析，其中最大化的结果不是个人利益，而是团结。巴特并不反对这种观点，他经常评论说，批评家们抓住了交易的概念，而不是把生成和过程的观点看作是一种调查方法，其应用范围比单纯的经济得失更广。此外，在任何给定的环境中，什么是利益最大化是由文化决定的。这就是诺斯对巴特的解释的立足点，因为哲学家认识到人类所作选择的文化广度。毕竟，他们的行动是基于截然不同的世界观和对现实的理解。

巴特知道他的作品在挪威受到了批评，但他很少回应。1985年，奥斯陆的社会人类学学生组织了一次他和奥斯特伯格之间的会议。在会上，巴特呼吁采取具体措施，我们确信这种措施是存在的，因为可以观察到这一点，他还谈到了找出哪些措施对行动者至关重要。奥斯特伯格从来都不是一个伟大的经验主义研究者，基于社会哲学他认为，人类行为在原则上是不可预测的和多方面的，强调利益最大化隐含着意识形态。我记得那次会议时，在场的许多人对双方的观点都持赞同态度。有趣的是，巴特和奥斯特伯格都与韦伯的社会学有着密切的关系，但是当巴特谈到韦伯对个体代理的兴趣时，奥斯特伯格可能会指出韦伯概括了几种类型的行为，特别是价值理性和目标理性行为。韦伯也承认，无价值观的研究是不可能的，因为无论研究者是否有意识，在整个项目中，从主题的描述到最后的脚注，他们都带着自己的价值观。

巴特新的家庭生活、博物馆的复杂情况、奥斯陆布林登社会人类学系于事无补的紧张关系、行政职责和委员会工作都很繁重。维肯根据阿曼的资料于1980年获得博士学位,埃默里·彼得斯是她的首位辩论对手。[1] 两年后,她的专著《阿拉伯面纱背后》出版了。[2] 看起来她从他们的联合田野调查工作中收获的比他多。她还发表了几篇文章,其中有一篇被广泛引用的文章是关于在性别隔离严重的阿曼社会中的第三性,即在没有妓女身份的女性的情况下充当妓女的变装男子。[3] 此后,她一直定期访问阿曼。除了在维肯的书出版后出版的那本专著之外,巴特再没有出版过有关阿曼的作品。

尽管如此,他自己的项目仍在持续激增和重叠。巴特在开始一个新项目时,似乎手头总有未完成的项目。自从布莱德伍德把他带到库尔德斯坦以来,他就一直在实践一句格言:吃饭时饥饿还会来。1981年秋,当他忙于撰写索哈尔研究结果和瓦利米安古尔·贾汉泽布自传时,收到了一封来自巴布亚新几内亚的信。在巴克塔曼地区附近的奥克泰迪地区发现了黄金,巴特被要求就采矿可能带来的文化后果提出建议。他觉得自己应该利用这个机会。

当然,他本可以拒绝的。即使巴特偶尔重访他曾经做过田野调查的人群,包括斯瓦特帕坦人和巴赛里人,但他不会在同一个地方进行两次田野调查工作。这有几个原因。首先,巴特总是通过寻找新的领域、去新的地方来推进他的思想。其次,他说,回访在社会层面有些困难。也许你已经忘记了当地的语言,也许你认不出以前认识的人,而且重游带来的期望很难满足。在这方面,维肯走了一条不同的道路。她继续重

---

[1] 在挪威,博士论文答辩是公开的活动,会有两位评审人,他们每人会被给予一到两个小时的时间来对候选人进行提问。

[2] Unni Wikan, *Behind the Veil in Arabia*: *Women in Oman* (Baltimore: Johns Hopkins University Press, 1982).

[3] Unni Wikan, 'Man Becomes Women: Transsexualism in Oman as a Key to Gender Roles', *Man* 12, 2 (1977): 304-319.

访开罗和阿曼,从而对这些社会有了更深入的了解。因此,通过关注他妻子如何管理她的重访,通过与瓦利以及卡什马利等老盟友的重温旧谊之后,他的疑虑得到了缓解。

1981年圣诞节前,巴特、维肯和吉姆去了巴布亚新几内亚,乘直升机进入了巴特1968年大部分时间待过的基本上没有道路的内陆地区。与巴克塔曼人的相遇是令人感动的。他们第一次看到了一个白人孩子,从而意识到欧洲人比他们意识到的更像他们。他们还看到了一棵圣诞树大小的挪威云杉,这是巴特在做田野调查时种下的。巴特和维肯,就他们而言,遇到了一个可以描述的事情,不仅仅是旅行写作的陈词滥调,一夜之间,石器时代的部落进入了"核时代"。巴克塔曼人有一个传统的计数系统,他们用身体部位计数到27。然而,对他们来说,计数是具体化的,像5加7这样的抽象计算对他们来说毫无意义。他们对时钟时间一无所知,也不知道将工作和休闲分开的异域概念。然而,据了解,巴克塔曼人、塞尔塔曼人和奥克泰迪地区的其他民族已经迅速适应了新时代。开矿后不久,他们开始从事有薪工作,并几乎立即开始就工作时间和工资进行谈判。他们像许多其他美拉尼西亚人一样,对变迁持务实和相当放松的态度。然而,巴特发现这种转变很难把握。他不知道如何准确解释这种封闭的小规模社会从自给自足的园艺到现代工薪生活的难以置信的飞速变化。

然而,他确实与维肯一起写了一份报告,这份报告被接受和使用。① 在报告中,他们警告说,如果采矿不伴有其他领域的变化,将会带来潜在的灾难性后果。风险在于,该地区的人们可能会逐渐习惯货币化的生活方式,但黄金迟早会耗尽,而只会留下一大堆有毒的矿渣给奥克山区的人们。在这种情况

---

① Fredrik Barth and Unni Wikan, 'Cultural Impact of the Ok Tedi Project: Final Report' (Boroko: Institute of Papua New Guinea Studies, 1982).

下，从石器时代变成工业废弃地的过程只需要短短几十年。奥克泰迪金矿和铜矿2014年仍在运营，但由于土地和水的污染，其生态副作用非常明显。在关于采矿和环境的批评文献中，这里经常被认为是最坏的情况。与此同时，它对巴布亚新几内亚经济的重要性——它有时贡献了该国整整四分之一的出口收入——使其难以关闭，尽管当地人和环境保护主义者提出了抗议。

巴特从一开始就知道，他留在巴布亚新几内亚的真正目的不是向矿业公司提供建议，而是继续研究巴克塔曼人专著中涉及的主题。他现在已经很好地掌握了一个宇宙观和一系列通过仪式，并且有兴趣将他在巴克塔曼所见所知与该地区其他小民族的仪式和世界观进行比较。巴特和维肯总共在该地区待了三个月，这当然不足以在语言不通的民族中做好民族志工作。他们不仅仅观察了一个群体，除了巴克塔曼人之外，他们还观察了七个！

当然，这是不可能的，但他们的意图也并不是对所有群体做民族志研究。巴特在巴克塔曼进行田野调查后的几年里，几位人类学家去过这个地区，并对巴克塔曼附近的人群进行了研究。八个奥克山区族群被吸引到矿场，住在离巴克塔曼不远的地方，只有博洛尼亚人还没有被描述过。巴特和家人在翻译的帮助下和他们相处了一段时间。他们短期访问了其他山地奥克族群，不是为了详细研究他们，而是为了获得一些第一手的感官印象，这些印象可能丰富和补充对其他人研究的阅读。

巴特想继续在美拉尼西亚工作。他已经将构成瓦努阿图的一个岛屿马莱库拉确定为一个可能的地点。维肯却不太热心。奥克泰迪地区只能满足最基本的物质生活需要。几乎连续下雨，空气中弥漫着发霉和腐烂的味道。尽管马莱库拉的海洋性气候比新几内亚中心的雾蒙蒙的森林要宜人一些，但

文化复杂性

在这种条件下,她也并不是特别喜欢田野调查工作,她常常渴望晚上有一张干燥的床。经过在开罗和索哈尔两个艰苦的田野考察期后,她现在希望他们待在一个比较舒适的地方完成民族志。这个愿望很快会把这对夫妇带到巴厘岛。

然而,正在进行的项目必须先要完成。他们很快就写好了报告。对阿曼的研究报告和为瓦利写的传记也完成了。他现在只需要掌握关于宇宙观和奥克山区诸族通过仪式的材料。这时,他顺利地应邀成为剑桥詹姆斯·弗雷泽1982年度讲座主讲人,在这个场合,他曾画出一幅比较分析的草图。然后,他开始将他自己的和他在其他研究中发现的材料系统化,以便开发一个模型。其成果是《正在形成的宇宙观》(下称《宇宙》),[①]这是一本创造性的不同寻常的书,很可能被视为《模型》的第二卷。这一次,他没有开发策略行动和社会形态的生成模型,而是开发知识系统的生成模型。他试图展示仪式象征和形式的适度变化如何在系统中进一步传播,并导致世界观上相对较大的差异。其基本假设是思想始于实践,这与因符号系统比较研究获得世界声誉和认可的列维-斯特劳斯截然相反。

巴特仍然是一个忠诚的田野调查工作者,他大量多样的田野调查工作是他在人类学社区享有尊重的主要原因之一。只有通过细致的实证工作,人类学家才能得到供自己和他人使用的分析性资料。由于人类学具有比较性的目的,对个人的一己努力来说,别人的研究工作是不可或缺的。其他研究人员因此成为讨论伙伴,成为有助于丰富自己材料的资源。

巴特经常为其他人提供这种原材料。他现在的处境是,他将借鉴其他研究人员的民族志资源。他以前从未如此大力

[①] Fredrik Barth, *Cosmologies in the Making: A Generative Approach in Cultural Variation in Inner New Guinea* (Cambridge: Cambridge University Press, 1987).

度地借鉴过。如前所述,在他早期的专著中,他很少提及也很少讨论其他人的著述。这样,《宇宙》代表了他写作生涯中的一些新东西。他广泛借鉴了博士论文、文章和未发表的手稿,这些论文、文章和手稿主要是由在奥克泰迪地区进行实地考察的年轻同事撰写的。他试图挑出这些人世界观中最重要的元素,并研究它们与实践、与人们如何应对环境之间的关系。然后,他开发了一个生成模型,展示了八种宇宙观中的多样性和差异性。

和《模型》一样,《宇宙》也存在可以辩驳的一面,它不仅仅指向结构主义的演绎逻辑。法国和英国的社会人类学家倾向于追随涂尔干,认为既然社会是投射到世界上的,外部世界就是用来表达社会关系和文化范畴的。然而,巴特希望探索一下是否可以反过来看问题。如果你生活在一个自然环境中,那里有露兜树生长,食火鸡和大眼睛有袋动物在森林里四处游走,几乎每天都下雨,那么,这些物理的、生态的事实可能会以相当直接的方式影响文化世界观。

这里的方法论挑战不同于巴特以前工作过的社会,不论是库尔德斯坦和索哈尔,还是伊朗和斯瓦特。这些社会有着丰富的书面传统,在哈佛和牛津等学术中心,有着精通这些语言并熟悉历史渊源的区域性专家。正如我已经表明的那样,历史分析和巴特对此时此地的关注之间的关系可能会变得紧张。事实上,他自己也加剧了这种紧张,或者说是疏远,因为他说,当涉及生活时,历史资料显得薄弱,无助于理解现在。地区专家则不确定巴特的研究是否与他们的工作相关。

在新几内亚,情况有所不同。新几内亚高地没有历史研究,当地也没有书面传统。直到20世纪30年代,这个地区还没有被外国人探索过,有的地区甚至还要再等几十年。这也意味着代际知识传递必然变得有难度。没有文字这种思维拐杖的支撑,仪式领导者必须年复一年地记住他们仪式的主要内容。奥克山区诸族没有"年"的概念,但是最大的仪式大约每十年举行一次。领导者必须主持一个声势浩大而且引人注目的仪式,给新人留下深刻的印象并让他们感到畏惧,少数成熟的男人可能会点头表示认可和承认。不言而喻,仪式从一场演出到下一场演出内容几乎不会相同,但却有很强的连续性。大多数用来组织仪式的关键符号,如祖先的头骨、露兜树纤维、猪的脂肪和食火鸡等动物,都有一个具体形状,从而为仪式领导者提供了一个基本的或象征性的构架。

合理的假设是,奥克山区诸族的通过仪式有共同的历史渊源,这种相似性可以作为比较的起点。转变要通过仪式的实际操演来实现。在仪式中,领导者不得不即兴发挥,肯定要和其他参与者和观众同步,大致就像爵士音乐家在漫长的即兴创作过程中,需要与其他音乐家和观众保持交流一样。巴特在奥克山区仪式中看到了三种转变,这可以通过观察群体之间的变化得到证实:神圣符号内涵的逐渐变化;符号的元意义或隐喻意义的逐渐变化;以及在整个世界观中特定逻辑模式或符号有效性的逐渐扩展或收缩。例如,性象征主义在比蒙-库库姆人那里占有突出位置,在第十级也是最后一级通过仪式上,他们戏剧性地表现了一种模糊的性形式,即新人用一端涂有象征性精子(实际上是白色野猪的脂肪)另一端涂有象征性月经血(红色母猪的脂肪)的杆子自慰。巴克塔曼人在这方面不太明确,而是用动物和植物来象征两性之间的互补性,而提法宁人则通过创造积极的期望来作为性表达,而没有将它与生育之谜联系起来。

此外,水和露水是许多族群的中心象征,但它们有不同的含义。露兜树叶纤维有时被涂成红色(象征死亡、阳刚或女性准则),有时却不然。在试图理解这些和许多其他变化的过程中,巴特始终将特定的仪式实践与同一群体内世界观和社会组织的其他因素联系在一起。

游牧的人类学家：巴特的人类学旅途

在整本书里，巴特提出了一些问题，大多只得到部分解答，有的甚至根本没有答案。为什么巴克塔曼人对野猪这个仪式符号如此感兴趣？为什么马弗姆的领袖拒绝向巴特解释通过仪式的含义，而他却愉快地描述了它的所有要素？为什么法沃尔民在通过仪式期间几乎不说话，而其他几个奥克山区诸族群却有着丰富的神圣话语传统？

《宇宙》的阅读不同于《模型》的阅读，因为作者这次邀请读者作为对话的伙伴，边走边和他们交谈。在《模型》中，论点是从作者到读者单向进行的，而这一次，就好像你作为一名读者陪同人类学家踏上了旅程，最后——如果结果如预期的那样——你会相信仪式实践中的创造力是由人与周围环境互动引起的，包括人为的和自然的。仪式戏剧是这些民族艺术剧目的一个重要组成部分，它包含着多余的意义，确保没有人——无论是仪式的领导者还是人类学家——能准确地告诉你他们说了什么或做了什么。在《宇宙》中，巴特在形式和内容上比以往任何时候都更接近艺术和科学之间的界限，尽管事实上他是援引达尔文的话，达尔文建议博物学家把一小部分现实分离出来，并对其进行非常详细的研究，以便得出关于更大过程的推论。① 《宇宙》和《模型》一样是生成过程分析的典范，但这里产生的既不是政治系统也不是经济最大化，用维克多·特纳令人回味的比喻来说，是"象征的森林"。② 从这个森林中散发出来的最终是崇高、神圣和不可言喻的东西。巴特对艺术的持续兴趣在这里比在其它任何作品中都更加明显。

或许巴特自己感觉到，他在研究奥克山区象征符号时，正

---

① Fredrik Barth, *Cosmologies in the Making: A Genderation Approach in Cultural Variation in Inner New Guinea*, p.24.
② Victor W. Turner, *The Forest of Symbols: Aspects of Ndembu Ritual* (Ithaca, NY: Cornell University Press, 1967).

在脱离严格的科学推理模式。然而,他在最后一章又书归正传,提出了一系列关于仪式习俗未来比较研究的建议。①

《宇宙》手稿完成于1984年,但又过了三年才由剑桥大学出版社出版,杰克·古迪写了一篇有趣的序言,开头说"弗雷德里克·巴特不需要我的介绍"。② 序言很有启发性,有助于巴特在英语人类学界的定位。古迪是一位比较注重历史的人类学家,他写的书可以装满一个中等规模的图书馆,它们比较了欧亚社会和非洲社会之间的差异。他的职业身份与巴特相差甚远。然而,他们有几个共同的兴趣,比如亲属关系对政治的重要性,以及——如本书所述——知识传播的方式。古迪写了一些关于无文字社会创造力的文章,还把他自己的民族志老窝加纳北部地区拿来做横向比较。他在那里和洛达加人一起工作,他们围绕着漫长复杂的巴格里神话组织他们的仪式生活。福蒂斯曾研究过附近的塔伦西,他想知道自己是否遗漏了一些重要的东西,因为他在那里没有发现一点点类似神话的痕迹。他可能真的没有发现,因为正如古迪所说,这种神话在西非分布不均。有些族群有,而另一些没有。这种变化既不是完全随机的,也不是完全系统的,而是必须立足于具体的地方环境去理解。

到了20世纪80年代中期,巴特开始觉得他在博物馆的行政和管理上花了太多时间,在有时他人不肯妥协的环境中,"捍卫简单的决定",发挥领导作用,可能既麻烦又耗时。他开始萌生一个念头,如果他能得到一笔政府补助,他或许可以逃离这一切。而实际上他在1985年真的得到了这笔研究员基金。这个研究员职位是终身的,通常授予具有特殊文化意义的作家和艺术家。一个学者得到这笔基金是非常罕见的。从

---

① Fredrik Barth, *Cosmologies in the Making*, pp.83-88.
② Jack Goody, 'Preface', in ibid., p.vii.

某种意义上来说,挪威失去了巴特——矛盾的是——通过政府拨款表彰他的方式。他厌倦了冲突,离开了博物馆,在大西洋对岸成为了一名学者,对自己祖国的大学生活没有多少依恋。作为一名自由知识分子,他在家里变得明显不如在卑尔根或奥斯陆当教授时那么引人注目和活跃。

巴特离开教授职位接受资助的那一天,阿尔弗很早就上班了,他负责将巴特办公室门上的名牌取下,搬走家具。然而,到目前为止,巴特和维肯已经开始了新的田野工作,这次是在巴厘岛。出于家庭和其他实际问题的缘故,这将不是一个长期、连续的实地工作,而是一个断断续续的长期项目。从1983年到1988年,他们将分别或一起到巴厘岛。

吉姆通常陪在父母身边。他父亲是在奥斯陆绿树成荫的西郊长大的,他不赞成儿子去斯莱姆达尔当地的学校上学,他认为那是一所"贵族学校"。因此,吉姆于1982年8月开始去天主教圣·苏尼瓦小学就读。开学的第一天,老师问孩子们夏天都在忙些什么。有些人在海边的小屋度过了夏天,而另一些人去过西班牙。吉姆向老师解释说,他曾住在巴布亚新几内亚的雨林里,然后环游世界。老师没有回应。在与吉姆父母第一次见面时,她告诉他们,他们的儿子是个无可救药的骗子。显然,老师不知道弗雷德里克·巴特和尤妮·维肯是谁。

导师和巫师

这项任务是永无止境的,永远是自我转化的。在我一生的大部分时间里,我都把它视为博物学家传统的社会科学版本——观察和思考。①

巴厘岛显然不是巴特作为人类学家生活的下一站。虽然他很想去瓦努阿图,但巴厘岛一直是维肯的首选。巴特最初怀有疑虑的一个原因,是巴厘岛以前已经被优秀的人类学家研究过了。玛格丽特·米德和格雷戈里·贝特森在20世纪40年代到过这里,克利福德·格尔茨在20世纪60年代到过这里。英国人类学家马克·霍巴特打算在巴厘岛进行终生的研究。还有其他一些人也来过。巴特觉得其他人已经来过这里,并做出了经典的研究。

---

① Fredrik Barth, 'Sixty Years in Anthropology', p.15.

游牧的人类学家：巴特的人类学旅途

不难理解为什么巴厘岛对人类学家有吸引力。这座岛屿不仅是一片美丽的乐土，拥有郁郁葱葱的风景、精心打理的梯田和美丽的寺庙、宜人的气候、健康可口的食物和以友好闻名的人民，它也有无可争议的社会和文化特性。与佛教和伊斯兰教是主要宗教的东南亚大部分地区不同，印度教在巴厘岛幸存了下来。17世纪活跃在印度尼西亚许多其他岛屿上的基督教传教士在那里几乎没有留下什么影响。此外，由于与印度次大陆长期的历史分离，巴厘岛的印度教有其独特的特征。

此外，尤其是对倾向心理学研究的人类学家来说，"巴厘岛人的性格"被认为是不可思议和迷人的。贝特森和米德在他们的研究著作《巴厘人性格》中认为，巴厘岛文化"缺乏高潮"，并试图通过摄影来记录这一点。这对夫妇解释，巴厘岛人既害怕愤怒，又害怕狂喜，他们倾向于避免可能导致紧张的情绪化的情况。因此，即使他们感到悲伤，他们也会微笑。[1]

巴特和维肯对格尔茨的研究特别感兴趣。格尔茨洞察并优雅地描述了巴厘岛人的概念、时间感和礼仪，他把非法（但普遍存在的）斗鸡作为巴厘岛的代表性象征加以分析，并详细描述了他们错综复杂的命名系统。他的文章结构严谨，文笔优美，基于实证，令人信服。维肯起初被格尔茨对巴厘岛文化的观点所吸引，而巴特则更具批判性。毕竟，美国人对日常互动和内部多样性没什么可说的，他们更喜欢将巴厘岛文化概括为一个模式化的象征性世界。然而，一个紧迫的问题是，他们在巴厘岛能取得哪些格尔茨和其他人还没有取得的成就。

1982年，当这对夫妇在一次短暂的旅游中访问该岛时，一个试探性的答案出现了。他们发现巴厘岛有穆斯林村庄，内部文化差异似乎比格尔茨透露的要广泛得多。他们很快各自

---

[1] Gregory Bateson and Margaret Mead, *Balinese Character: A Photographic Analysis* (New York: New York Academy of Sciences, 1942).

20世纪90年代早期在不丹
（照片经弗雷德里克·巴特和尤妮·维肯允许使用）

开展项目。维肯研究人格,尤其是巴厘岛人处理情感的方式。与此同时,巴特要对一组显示出存在有趣差异的村庄进行比较研究,试图发展出能解释村际相似性和差异性的生成模型。尽管如此,他的最终抱负更为远大,他将努力发展他的知识人类学,以展示不同的经验和想象世界是如何产生不同类型的人群和社会的,他希望以当地现实为基础,而不是以外国的理论概念为基础。

虽然维肯最终会学习印度尼西亚语,但是巴特从来没有掌握过当地语言(巴哈萨语和巴厘语)来作为工作语言。然而,他经常和熟练的助手兼翻译合作,他们同时也是对话的伙伴和调查合作人。对于西方人类学家来说,在南半球找多语助手不一定很贵。正如他所说,"巴厘岛有很多就业不足的地方,所以他[指巴特在穆斯林村庄的田野调查助理加齐·哈比卜拉]有些事情要做,但我一到,他就会放下一切跟我走。"①加齐自豪地拥有一辆韦士柏摩托车,这使得在田野工作时从一个村庄到另一个村庄变得很容易。后来,巴特和另一个助手马德·阿提亚一起工作,他帮助巴特在印度人的村庄里做调查。

巴厘岛可以说是一个令人愉快的地方,然而巴特形容那里的田野调查工作极其累人。矛盾的是,其原因竟然是巴厘岛人的友好。他经历了无休止的社交活动和令人筋疲力尽的热情好客。由于人类学家依赖调查合作人的善意,不得不把自己作为一种研究工具,所以很难抽身,几乎不可能独处。此外,根据巴厘岛的文化礼仪,一个人必须总是保持冷静,总是置身于社会环境中。情绪化的动作和表达,是一个人失衡的迹象。

最终,他们各自写了一部专著,维肯的于1990年出版,巴特的于1993年出版。② 现在,维肯的学术生涯也真正开始起飞。除了有关巴厘岛的著作,以及几本流行人类学的书和大量论文以外,她还以自己的名义出版了三部人类学专著。他们之间密切的专业合作的重要性难以低估。巴特从20世纪70年代中期开始,对社会生活进行了越来越多方面的解释,这与他和尤妮·维肯的婚姻精准同步。他对她的影响较难衡量,因为不存在比较的基础,但无疑有相当大的影响。吉姆说家里总是有成堆的书,不存在休闲和工作之间的界线。与此同时,如果儿子来敲他办公室的门,父亲总是会给吉姆留出时间。但是这三个人永远不会像一个普通的挪威核心家庭那样,在特内里费度假,在圣诞节吃妈妈做的姜饼。作为补偿,

---

① Hviding, *Barth om Barth*.
② Unni Wikan: *Managing Turbulent Hearts: A Balinese Formula For Living* (Chicago: University of Chicago Press, 1990); Fredrik Barth, *Balinese Worlds* (Chicago: University of Chicago Press, 1993).

吉姆接着说,他有相当多的泥地和丛林之旅。

一开始,巴特有一个简单明了的假设:鉴于巴厘岛文化的本质一致性,穆斯林在哪些方面与占多数的印度教徒有所区别?穆斯林和印度教徒之间的交往形式是什么?他很快就掌握了这一层面的分析。然而,他希望掌握一些更难的东西,即理解知识、社会过程和地方组织之间的关系。随着他工作的进行,专著和结论变得越来越遥远,这比他以前经历的任何事情都复杂。巴厘岛就像印度的一个缩影,在这个意义上,这个岛屿有层层的历史、活的传统和半死的传统,这些传统有时会被复活,是因为有来自许多方面的刺激,尤其是旅游业的刺激,以及不同地区、不同村庄之间相当大程度的内部差异。例如,在该岛东部仍有几个巴厘岛阿迦村庄,那里保留着印度教之前的传统,涂上鲜艳颜色的吓人的公鸡坐在笼子里等待下一次斗鸡。到2014年,来自印度尼西亚其他岛屿的旅游业和移民的增长,导致交通堵塞,其时长和强度可以和曼谷或圣保罗有一比。

巴特通过展示内部差异,至少成功地表明,格尔茨并没有把故事讲全。阅读格尔茨,人们很容易得到巴厘岛文化是统一和同质的印象。然而,事实并非如此。

巴厘岛是一个具有一定规模的岛屿(近6,000平方公里),2014年时拥有近400万居民(还不到1983年的一半),它的人口密度比荷兰高。不到10%的人口是穆斯林,其中许多人住在北部的布勒冷省,远离机场和旅游区。巴特在那里找到了一个所有居民都是穆斯林的村庄,他还研究了一个纯粹的印度教村庄以及其他几个社区。布勒冷与有关巴厘岛的普遍假设不符。在巴厘岛的大部分历史中,它都在政治上与巴厘岛其他地方保持分离,最大的城镇辛加拉亚是一个具有著名海盗史的世界性港口,这也不符合有关巴厘岛的标准人类学观点,这种观点是以巴厘岛南部研究为基础的。

随着田野调查的进行，每次访问之间的间隔越来越长，复杂性也越来越大。这在很久以前就很清楚，无论有没有穆斯林族群，巴厘岛都不可能被描述为一个同质的文化，巴特指出至少有六种文化流在不同的时间到达了这个岛屿，并且至今仍然是这个岛屿的特征：马来-波利尼西亚人（可以追溯到4,000年前）、印度尼西亚巨石人、印度人、中国人、伊斯兰人/爪哇人和西方人。这些文化流不仅包括容易识别的因素，如宗教、语言、建筑等，还包括道德、亲属制习俗、财产规则等，所有这些都必须以某种方式纳入分析。随着世纪和千年的流逝，这些文化流创造了独特的层次，混合得不均匀且不完全，更像黏稠的炖菜，而不是揉好的面团，没有"社会的自然法则"表明这种混合物有一天会变得均匀一致。当巴厘岛的项目逐渐成形时，很明显，它代表了巴特在新几内亚的最后一个项目的延续，在这个意义上，探讨了知识的哪些方面生成了差异，哪些因素又限制了这种差异。与奥克山区诸族不同，所有巴厘岛人都与部分制度——政治、法律、商业等——有牵涉。换句话说，他们需要有足够的共同点来进行有意义的互动，同时保持彼此的差异。

巴特发现，对亚洲大型文明的研究没有充分重视其内部差异。他试图发展一种研究方法、一种语言和一种模式；差异在其中被描述成一个前提，而不是事后追加的因素，内部多样性是理所当然的，也非例外，当地世界观的特殊性也不属于西方社会科学的范畴。

穆斯林和印度教村庄——在书中取了帕加泰潘和普拉巴库拉的假名——的某些差异，可能要归因于宗教，因为寺庙组织人们的方式不同于清真寺，穆斯林导师使用不同于印度教导师的方法，教授不同的东西。但即使是作为巴厘岛水稻种植基本机构的灌溉合作社苏巴科，在这两个村庄也有不同的组织。在普拉巴库拉，苏巴科比帕加泰潘更集中，生产力也更高。

导师和巫师

　　分析继续涉及这些和其他混合村庄的乡村政治、仪式生活和冲突管理,以及共产主义如何周期性地创造联盟和冲突的交替模式。人们最终明白,宗教之间有相当多的跨界共同点,但每个共同体也有许多内部差异和创造力。实践往往比人们倾向于想象的"系统"更加灵活。对"文化"的概括更加困难。在书的接近中间部分,巴特提出了一个模型,他通过区分前提条件(知识、价值、经验)、意图和实际行为(在物质世界中的后果)来描绘人的境遇机会。① 它可以被视为一个生成模型,它不产生社会形式,而是生产差异——因为行动者所处的位置非常不同,在知识和机会方面,他们从所处位置出发,根据目标导向,即兴运作发挥。这听起来可能微不足道,但我们应该记住,巴特反对有关巴厘岛的研究传统,它所描述的是所谓的"系统"或"文化"。他会说,在普遍层面上,也许这个系统可以这样或那样描述,但是在地方层面上有很大差异,在实践中这对人们是有意义的,可能有助于解释他们的网络在社会和空间中可以延展的程度。格尔茨所描述的巴厘岛苏巴科是一种抽象和理想的类型,因为真实存在的苏巴科可能以完全不同的方式运行。

　　《巴厘岛世界》是一部丰富的民族志。它不像巴特早期的专著那么专业,也不那么浓缩。这是他最长的一部著作,长达350页,在主题上范围广,整体性强,涵盖了从财产权到婚姻、从宗教到语言等生活的大部分核心制度和主要方面。这本书在很大程度上被形塑为对早期巴厘岛人类学研究的批判性回应,从这个意义上说,这本书不典型。早期研究可能辨明了巴厘岛社会和生活方式的重要方面,但没有充分接近实际的人,他们的差异性比一般描述的要更多。巴特再次展示了民族志放大镜的力量。

---

① Fredrik Barth, *Balinese Worlds*, p.159.

虽然巴特找到了他的主要叙事,但他发现很难完成有关巴厘岛的研究工作。他不是地区专家,即使在多次田野调查之后,他也没有感觉到自己像了解巴克塔曼人、帕坦人或巴赛里人那样"了解"巴厘岛文化。文化传统的复杂性、深度和多样性是如此之大,以至于需要多年的田野调查和文献研究才能完全深入进去。同时,他有大量的现场笔记。他后来写了关于这种情况的文章,"就像我们学科中经常发生的那样,我的研究计划在详尽民族志的重压下崩溃了"。①

另一方面,他认为他的贡献是必要和重要的,用新的故事、方法、角度和细节充实历史和早期人类学研究。这本书可以被看作是巴特理论视野至要点的总结:行动者取向的视角、生成模型、内在多样性。它还指出了书评人没有完全理解的方面。他们认为本书是对巴厘岛民族志的贡献,而巴特的目标是展示知识、经验和社会过程之间的联系,同时不忽视根植于当地的现实。

在《巴厘岛世界》里,以及在它之前发表的文章里,特别是在《复杂社会中的文化分析》中,②巴特间接地参与了发生在美国已经持续数年的辩论,而这场辩论恰恰涉及文化概念。这个术语对美国人类学比对欧洲人类学更重要,文化通常被认为是某一特定群体或社区的人们共有的东西。这主要是格尔茨的观点。③ 一群受后结构主义理论和后现代哲学影响的年轻人类学家在乔治·马库斯和詹姆斯·克利福德的非正式领导下,反对这种观点,他们不仅认为文化同质性的观点是虚构

---

① Fredrik Barth, 'Sixty Years in Anthropology', p.15.
② Fredrik Barth, 'The Analysis of Culture in Complex Societies', *Ethnos* 54, 3/4 (1989): 120-142.
③ Adam Kuper, *Culture: The Anthropologist's Account* (Cambridge, MA: Harvard University Press, 1999) for a detailed analysis of the concept of culture in American anthropology.

的,而且认为人类学家通过创作民族志的创造性行为积极"书写文化"。① 巴特成为这个项目中意想不到的帮凶。在他职业生涯的早期,他解构了社会、社会结构和社会系统的结构功能主义概念,把它们分成可管理的社会过程。现在他越来越多地写关于意义、符号和世界观的文章,遵循类似的程序,他必然会对格尔茨的公式提出批评,这些内容虽然总是优雅,但并非总是足够贴近经验。

美国人类学的年轻才俊们渴望巴特加入他们的团队。巴特认为后现代主义者的鼓励有些奇怪,但并非无趣。他理解他的项目和他们的项目之间的联系。根据利奥塔和德里达等哲学家的观点,他们认为真实的描述不存在,概括是徒劳的。巴特从截然相反的角度来处理这个问题,因为他的自然主义项目包括尽可能真实地描述。然而,他们似乎在同一个地方结束:后现代主义者以他们的"次要叙事",巴特以严格的经验主义自然主义。但是这个会面地点可能是一个十字路口,他们的道路会有分歧。后现代主义者当时最感兴趣的是解构话语——克利福德是一位思想史家,而不是人类学家,而博物学家巴特更喜欢尽可能现实地研究实践。

受法国思想启发的美国后现代主义者和巴特之间的亲缘关系可能并不深——尽管他们有一个共同的论战项目,但与受后现代哲学启发的英国人类学家的相似之处更为明显。我特别想到玛丽莲·斯特拉森,一位美拉尼西亚学专家,她从20世纪80年代末开始,就把自己树立为公认的对有关社会和个人传统观点的尖锐批评家,这些观念在大西洋两岸都被视为理所当然。1990年的一次会议上,两者的相似之处,或者说趋同之处,也许得到了最清晰的表达。会议地点是美丽的葡萄

---

① James Clifford and George Marcus (eds), *Writing Culture: The Poetics and Politics of Ethnography* (Berkeley: University of California Press, 1986).

牙科英布拉大学城，这是新成立的欧洲社会人类学家协会（EASA）的第一次会议。

像大多数科学一样，人类学也一度由在美国工作的美国人或外国人主导。自第二次世界大战前以来，美国的人类学家比其他任何地方都多，偶尔比世界其他地方的总和还要多。最大的人类学年度会议——美国人类学协会（AAA）年会在深秋召开，聚集了来自世界各地的成千上万的人类学家，他们渴望展示自己的研究成果，也许还会遇到一些自己仰慕的学者。20世纪80年代末，出生于南非的人类学家亚当·库珀在英国开始了自己的职业生涯，他主动将欧洲各地的人类学家聚集在一起。他特别关心加强南北之间或者可以说日耳曼语系和罗曼语系之间的对话。当第一次会议在计划之中时，历史突然发生急转弯，柏林墙倒塌，铁幕迅速被遗忘。库珀和他的委员会迅速找到资金，使他们能够邀请贫穷的东欧和中欧同事参加会议。会议获得了巨大的成功。共产主义国家的同事们长期以来相对远离西方的理论发展，他们是在一些略显单调的描写民族志和马克思主义理论的滋养下成长起来的。许多人热衷于更新他们的认知地图。启动会议两年后，1992年欧洲社会人类学家协会年会在布拉格举行。

然而科英布拉会议依旧被欧洲社会人类学中最强大的传统所主导：盎格鲁-撒克逊人和法国人。第一次全体会议由欧内斯特·盖尔纳主持，"最欧洲化的人类学家"，正如库珀在他的介绍中所表达的那样。盖尔纳（1925—1995年）出生于巴黎，在布拉格长大，在第二次世界大战前作为犹太难民来到英国。盖尔纳在演讲中警告后现代不负责任和后殖民的赎罪倾向的双重威胁。人类学不应该玩弄模糊的概念，也不应因对前殖民地族群感到歉疚而受其驱使。礼堂里可以听见窃窃私语，可以看到学者白眼和耸肩以表示不屑。他触碰了几个敏感点。巴特听得津津有味。他和盖尔纳之间一直相互尊重。

接下来几天的全体会议让人对当时西欧人类学的广度和紧张度有了良好印象,并间接指明,涉及某些更著名的同事,巴特站在哪一边。来自巴黎的丹尼尔·德·科皮曾与杜蒙共事,他公开质疑和反对通常与马林诺夫斯基和巴特等人联系在一起的个人主义人类学,认为人类行为源于社会认可的价值观,而不是效用最大化。他认为将"西方个人"投射到传统民族身上是一种侮辱,因为他们的行为建立在集体逻辑和立足价值的社会群体归属感之上。德·科皮和巴特代表了他们对人类代理逻辑的两个极端理解,这一点是重要的。巴特认为,各地的人群都有相似的动机,而德·科皮和杜蒙一样,认为他们的动机有相当大的差别。有趣的是,他们一致认为本土现实应该被放在首位,但对这一现实的性质有不同意见。

伦敦政治经济学院的莫里斯·布洛赫谈到将人类学与认知科学更紧密地联系起来,使人类学更加科学。巴特的知识人类学与这一观点有一些共同之处,但认为理论从主观的人类经验衍生出来;而认知科学——像结构主义一样——则要寻找比纯主观性更深层次的机制和范畴。

来自巴黎的菲利普·德索拉接着讲述了亚马逊地区人与自然的关系,认为它们是一个整体,如果要理解这个整体,就必须认识到其背后存在着一种"语法",这种"语法"规范着人对自然的理解、分类和使用。与布洛赫类似,德索拉的观点与巴特的知识人类学,尤其是他在新几内亚的研究,存在明显的相似之处。最重要的区别是,曾与列维-斯特劳斯一起做研究的德索拉认为,心智的组织原则会导向一个整合单一的社会生态世界,人们会遵从它。在巴特看来,没有一个系统是完美整合的,规则往往是一个人会经常随机制定或调整的。

斯德哥尔摩的乌尔夫·汉内兹过去是、现在也是一位领先的全球化人类学家。他的演讲聚焦于那些跨越国家和文化界限,连接并创造思想、商品和人员流动的网络。他表明封闭社会的概念是不充分的,当然,在我们这个相互联系的世界里,人类学应该关注网络和流动。巴特和汉内兹之间的知识亲缘关系过去是、现在也是显而易见的。尽管汉内兹从关于世界系统的宏观社会学理论和曼彻斯特学派对网络的研究中获得启示,并在通常无法直接观察的范围内研究现象,但他赞同巴特对社会生活本质的看法。

汉内兹和巴特的出发点相互兼容,这不足为奇。没想到最后一位演讲者,曼彻斯特大学(后来去了剑桥大学)的玛丽莲·斯特拉森,以类似年轻的巴特对社会过程和互动的分析的方式解构了社会的概念。她谈到了部分和整体,并用巴布亚新几内亚和英国的例子展示了人和社会是如何具有弹性和不稳定的实体。代理实体通常比一个人小(就像巴特在《模型》中的地位),斯特拉森用"分体"(相对于个体)一词来说明美拉尼西亚人的概念,在这个概念中,一个人不是不可分的,而是由于他们与他人之间不断变化的关系而得以存在。她还指出,像汉内兹一样,社会可能在某些方面和特定时间存在,但人们不能想当然地认为它们是稳定的实体,可以在任何时候都易于研究。

斯特拉森比汉内兹走得更远,她和德·科皮一样,认为美拉尼西亚人与欧美人的构建方式有质的不同,欧美人对一体化个人(以及类似的一体化社会)的概念是基础性的。然而,在这次令人难忘的会议后的四分之一世纪之后,人们不得不认为,主要人类学家的思想之间的趋同和相似之处比他们的差异更引人注目。

巴特的讲座,作为库珀编辑并在会后出版的书卷的第一章发表,[1]它回到《规模和社会组织》中的主题,并使用格伦豪

---

[1] Adam Kuper(ed.), *Conceptualizing Society* (London: Routledge, 1992).

格的赫拉特材料来展示那里存在的社会场域——互动、义务和交易的社会网络。但是,他认为,一个人不可能真的谈论一个封闭社会,因为不同的场域只是部分重叠,并且在不同的规模层面上整合在一起。

在这群杰出的欧洲社会人类学家中,巴特的立场是明确的。他颇有兴趣了解人们如何在现有知识的基础上,在给定的规约和激励(或机会和限制)框架内采取行动。他一如既往地坚持从可观察到的事物开始分析,而不是从文化、规范体系或社会等推断出来的实体开始。他希望研究正在进行的过程,而不是固定的结构。巴特在这次会议上的演讲最引人瞩目的一点是,从19世纪早期到现在,他的思想具有连续性和连贯性,当时他即将成为人类学领域的权威。尽管随着时间的推移,他在写作中发展出一种更具叙事性的风格,即使他的兴趣领域已经从经济和政治转向知识和仪式,他仍然捍卫着他作为学生时就已经内在化的科学理想。研究价值和意义比研究行为最大化更难,但他仍然坚持他的人类学方法和归纳原则,即理论应该从观察中产生,而不是相反。对人类建造的宇宙进行研究的起点必须是"一系列特殊的经验、知识和取向"。[①] 人类学家的角色是研究现实,而不是创造现实。基于这些理由,巴特在科英布拉讲座的题目是"在社会概念化中走向更大的自然主义"。[②]

巴特经常受到指责,说他把研究建立在天真的经验主义知识观上。一种完全客观、中立的社会研究显然是不可能的。如前所述,韦伯在谈到无价值观研究的不可能性时明确指出了这一点。韦伯写道,研究人员所能做的最好的事情就是明

---

① Fredrik Barth, 'The Analysis of Culture in Complex Societies', p.134.
② Fredrik Barth, 'Towards a Greater Naturalism in Conceptualizing Societies', in Kuper(ed.), *Conceptualizing Society*, pp.17-33.

确自己的价值观,以便读者能看到研究人员的视角从何而来。① 然而,巴特从未声称他的作品描述了真相、全部真相以及唯一真相,只是阐明并有助于解释是什么促使人们做他们所做的事情,以及这些行为的结果如何反过来影响行动的条件。

1989年,巴特已经获得政府资助四年,而维肯现在是人类学博物馆的教授。他虽然摆脱了职业上的束缚,但在学术上却感到无所适从。最初是对学术社群和少量优秀研究生的渴望,促使他先后接受了两个兼职教授的职位,分别来自卑尔根大学和佐治亚州亚特兰大的埃默里大学。他开始明白,他需要一些外部刺激、一些帮助他自我施压的东西、一个比他作为自由学者的身份更严格的职业生活框架。

在离开20年后,他再次成为卑尔根大学曾经的学生和同事的兼职同事,如简·佩特·布隆、乔治·亨里克森、赖达尔·格伦豪格、齐格鲁德·贝伦岑和冈纳尔·哈兰。海宁·西弗特斯和肯尼亚专家弗洛德·斯托拉斯还在卑尔根的博物馆,贡纳尔·索博领导着发展研究中心。他在20世纪60年代的大部分同事仍在该部门工作。然而,它已经扩大,并有复苏的迹象。年轻的人类学家加入了该学院,他们的工作传统与巴特有些不同。安妮·卡伦·比约兰德研究挪威的老龄化和性别问题;约翰·克里斯蒂安·克努特森从心理动力学的角度研究越南难民;罗伯特·明尼克研究斯洛文尼亚的政治过程。雷夫·欧曼通过他对努巴人的研究,继续维持该学院在苏丹的研究工作,而爱德华·赫维丁博士刚刚从所罗门群岛的田野考察返回。还有其他人。尽管如此,巴特还是感觉到该学院的学术发展有些迟缓,格伦豪格曾经狂笑着告诉我,当

---

① Max Weber, 'Science as a Vocation', in *From Max Weber*, eds Hans Gerth and C. Wright Mills (Oxford: Oxford University Press, 1946), pp.129-156.

巴特担任兼职主任时,他的第一个建议是"从课程中删除我的旧文章"。

在巴特前往亚特兰大和卑尔根前的某个时间,他开始寻找一个新的调查地点。维肯关于巴厘岛的专著于1989年完成,而巴特选择慢慢来。他宁愿晚些出版,也不愿出版未完成的东西,在他的位置上,如果他出版一本糟糕的著作,失败将是显而易见的。根本不出版可能是更好的选择。他的声望如此之高,以至于在1988年他60岁生日之际,社会学教授古德蒙德·赫恩斯在当时奥斯陆最具知识性的报纸《达格布兰特》上发表了一篇诙谐、令人钦佩的专栏文章。赫恩斯指出:"几乎没有其他挪威人在这么多地方和这么多部落(原文如此)中采取人类学家的基本姿态(position):蹲伏。"①

巴特早就对不丹感兴趣。作为喜马拉雅山脉东南斜坡上的一个佛教国家,它相当封闭,一直没有被现代人类学家研究过。早在20世纪80年代初,他就给当局写了一封信,询问人类学项目的可能性。他们当时回应说,这听起来很有趣,但现在不方便,所以也许他可以在几年后再联系他们。后来,哈兰参与了联合国开发计划署(UNDP)在不丹的一个项目。在巴特的卑尔根同事中,哈兰在最大程度上分享了巴特对激动人心的、遥远的、未探索的地方的迷恋。他们经常一起梦呓般地谈论一些地方,比如孤立的索科特拉岛、哈德拉毛的黏土摩天大楼和孤立的山地国家不丹。

因此哈兰知道巴特被不丹所吸引,并向在不丹从事发展工作的人询问了一些事情。1985年巴特和维肯就是这样被邀请去廷布参加一个研讨会的。维肯对这一新冒险并没有她丈夫那般热情。她没有开辟一个新的田野点,而是致力于加深对中东的了解。她记得巴特在奥斯陆的时候她在巴厘岛。他

---

① Hernes, 'Nomade med fotnoter'.

游牧的人类学家：巴特的人类学旅途

们俩人计划了一次难得的假期，当时她收到一封电报说"在加尔各答见我，我们要去不丹"。她对去山地王国有着复杂的感觉，但正如她后来回忆时所说的那样，她很快就被那个当时相对孤立的国家所吸引，并且很快就进入了田野调查，并始终保持热情。

廷布研讨会的主题是卫生条件。许多不丹人现在可以获得干净的水，但是他们似乎不能保持水的足够干净，以避免感染。看来一些人类学的建议似乎可能会有所帮助。

这次活动没有更多的内容，但当卡尔-埃里克·克努特松成为联合国儿童基金会在南亚的地区代表时，他联系了巴特，并邀请这对夫妇作为顾问。通过这种方式，他们在这个封闭的国家获得了立足之地。在这个国家，广播直到1973年才被引进，电视直到1999年才被引进。自20世纪60年代以来，学校系统逐渐发展起来，印度教师使用英语作为教学语言，这是不丹人很少能使用的一种语言。巴特和维肯在1989年至1994年间在不丹进行了广泛的田野调查。维肯总共在这个国家待了20个月，巴特由于在美国的教学义务，待的时间更少。虽然其中一些研究得到应用，不丹当局允许他们自由行走往来，收集了大量关于不丹社会的基本人类学资料。尽管如此，他们在不丹的工作还是被中断了。维肯在《美国人类学家》发表一篇文章后，[1]她被拒绝再次进入不丹。尽管具体情况仍然不清楚，但这篇文章引起了争议，因为它讨论了性别压迫，主要讲述一个不丹妇女先被一个和尚强奸然后被一个贵族强奸的故事。

维肯主要研究医学人类学和人格概念。巴特近期在其他地方做了研究，而后把主要兴趣放在知识系统与社会变迁情

---

[1] Unni Wikan, 'The Nun's Story: Reflections on an Age-Old, Postmodern Dilemma', *American Anthropologist*, 98 (1996): 279-89.

境下人际互动之间的关系上。人类学家对健康和当地组织的关注使他们的发现让联合国儿童基金会特别感兴趣。例如，许多婴幼儿死于腹泻，这是由不干净的饮用水引起的。当儿童因脱水而变得虚弱时，不丹人会针对他们所认为的深层原因，而不是对症状采取措施。因此，他们去找巫医、萨满或僧侣，他们可以确定是哪个邪恶力量或恶魔导致了疾病。萨满可以进入恍惚状态，与相关灵魂交流，而僧侣可以给孩子喂圣油。然而事实是，儿童基金会已经在不远的孟加拉国开展了一个成功的项目，在那里，患腹泻的儿童被喂食了含有营养盐和一些糖的水，很快康复了。夺去幼儿生命的不是变形虫或细菌本身，而是脱水。人类学家能够向儿童基金会的人解释这种情况，并就儿童基金会、患病儿童的家庭和仪式专家之间以何种方式合作可能会产生积极的结果向他们提出一些建议。要求人们不要去找他们自己的专家是不可能的。此外，干涉这一古老的宗教传统是闻所未闻的，事实上是非法的。当时的国王在宗教问题上是保守的，在巴特和维肯于该国工作的同一时期，他驱逐了将近20%的尼泊尔裔人口，表面上是因为他们没有有效的居留许可。他们中的一些人在尼泊尔难民营待了几年之后，最终去了欧洲国家。

作为局外人，巴特和维肯比这个人口不到一百万的保守内陆国家的其他人更能畅所欲言。最终，在国王的祝福下，他们组织了一次研讨会，参加研讨会的有高级喇嘛、佛教僧侣和占星家以及联合国儿童基金会的人员。熏香袅袅，长长的黄铜号角声声，人类学家是主要的发言人。经过三天的讨论，研讨会逐渐形成了一种共识，即当地不丹人应该接管儿童基金会的项目，但条件是患病儿童现在应该获得营养水，而不仅是圣油，至少是圣油之外的营养水。当地的宗教领袖将继续负责治疗。这个故事清楚地表明了了解当地情况和认真对待当地做法和知识对社区接受变革的重要性。大概没有人赞成被那些把他们的知识和传统说成毫无价值的外来者踩在脚下。从现在起，宗教领袖们负责这个项目，并对它的成功负责，如果这个项目进展顺利，他们在社区中的地位将会提高。

不丹的知识传统建立在转世原则的基础之上。不丹修道院的转世喇嘛可能不记得大约三个世纪前他的较早转世化身写的书，但对他来说，瞥几页就足以记起它是关于什么的。知识的传播和深邃的宗教智慧的诠释都依赖于转世信仰。

巴特在不丹的分析项目不仅是他在巴厘岛的研究的后续，而且还具有比较研究的维度。这两种知识传统都起源于印度次大陆，但方式截然不同。不丹的等级制度比巴厘岛更为森严，顶部是古代寺院中的转世喇嘛。尽管大多数不丹家庭的成员中都包括一名僧侣，但大多数不丹农民并不具备大量关于宗教传统的知识，只有当他们遇到问题时，他们才会功利性地利用这些知识。研究的目的是找出一些差异较大的参数，也许是修道院或知识传统的运作方式非常不同，然后追踪产生这些差异的认知因素和社会因素。

尽管这对夫妇选择巴厘岛是因为他们已经厌倦了令人疲惫和不愉快的田野工作，但他们最终还是来到了不丹，这里同样可能会让来访者筋疲力尽。我记得巴特访问不丹后不久，我和他有一次偶然的会面，以闲聊的口吻问他情况怎么样。他从眼镜上方凝视着我，回答说太累人了，"那里是中世纪，你知道，中世纪会让人很不舒服"。然后，他比较详细地讲述了不丹人对温茶加变质黄油的热情。

不丹的田野调查工作是一项长期但断断续续的任务，就像巴厘岛的情况一样，而且在操作上和政治上都面临着更为困难的条件。因此，值得注意的是，巴特和维肯在1989年撰写的报告《不丹报告：实情调查组的调查结果》于2011年再版。出版商是廷布不丹研究中心，这本内容不多的专著现在以《人类学视角下的不丹儿童状况》为书名。该中心的编辑在序言中写道,虽然"自顾问们实地访问村庄以来发生了很大变化,但他们对不丹基本价值观的大多数观察和描述仍然有效"。①他还对来访者在如此短的时间内收集到如此大量的信息表示钦佩。

愿意,甚至有能力承受不适,是民族志田野调查的必要条件,但很少被讨论。即使在国内做田野调查,和社会打交道依旧会存在困难,而到了更远的地方,往往还会伴随着身体上的挑战。你不仅说不好当地语言(如果能说两句的话),而且也难免在社交场合犯很多尴尬的错误。食物可能不好吃,床不舒服,水很脏,人们会缠上你。拉德克利夫-布朗无法忍受这些。他大部分时间都在安达曼群岛度过,但不是和他本该研究的群体一起待在丛林中,而是在布莱尔港镇,他在那里采访那些在港口附近酒吧里闲逛的背叛传统者。他的民族志有些单薄和贫乏,正是这种不尽如人意的方法所致缺憾的痕迹。②就马林诺夫斯基而言,他容忍了特罗布里恩德岛民,但他从未真正喜欢他们。③巴特多年来自愿承受许多身体上的煎熬,他曾经说过,挪威人在这方面似乎比他们的英国和法国同行有几个相对优势。首先,他们有一种平等主义的文化意识形态,使平等对待他者成为可能。其次,挪威人自己生活在恶劣多变的天气条件下,他们习惯于"没有坏天气,只有坏衣服"的思维方式。他们在野营旅行时偏好简单,尽管他们有相当多的财富,即便在休闲小屋里,他们也偏好简单的生活方式。(实

---

① Fredrik Barth and Unni Wikan, *Situation of Children in Bhutan: An Anthropological Perspective*(Thimphu: Centre for Bhutan Studies, 2011),p.12.

② Thomas Hylland Eriksen, 'Radcliffe-Brown, A.R.' in R. McGee and R. Warms (eds), *Theory in Social and Cultural Anthropology: An Encyclopedia* (Thousand Oaks, CA: Sage, 2013), pp.678-682.

③ Bronislaw Malinowski, *A Diary in the Strict Sense of the Term* (London: Routledge & Kegan Paul, 1967).

际上,应该补充一点,如今的小屋里面设备相当完善)他们去山里滑雪,已经习惯了寒冷和潮湿。传统上,他们的食物很简单。正如巴特所说,挪威人倾向于将自然视为"既是一种挑战,也是一种可以用双手去应对的东西。在我的田野调查工作中,我一直觉得这是一个巨大的挑战,并从适应新生物群落的尝试中获得了极大的乐趣"[1]。他早期高度关注生态条件塑造社会分化的方式,这可能是挪威这种对接近自然非常珍视的文化风格造成的结果。说起一位法国人类学家,他和巴特同时在新几内亚工作,据说他要求定期用独木舟把红酒带到他这边的河流上游来。这并不意味着他做得不好,但他会难以悄然融入当地社会。

尽管巴特得到了国际社会的广泛认可,但他仍然是挪威社会的局外人。他在挪威研究委员会任职多年,尽职尽责,后来他还领导发展研究委员会。多年来,他一直与国家发展机构挪威发展合作署就人类学知识的重要性进行对话,并帮助了许多致力于发展研究的年轻同事。他是该国在国际上被引用最多的社会科学家之一,全世界成千上万的学生读过他的文章或书籍。然而,他在挪威公共领域的存在感却微不足道,他与社会学家和其他社会科学家的接触仍然零星稀少。电视节目成功播出几年后,他再次能够不受干扰地在街上行走。

鉴于巴特在社会科学领域的地位,挪威首屈一指的学术出版社——斯堪的纳维亚大学出版社——决定出版一些巴特重要文本的挪威语译本,尽管这一决定来得相当晚,但考虑到他和社会人类学这一学科在社会中的边缘地位,这一举措还

---

[1] Ottar Brox and Marianne Gullestad (eds), *På norsk grunn: Sosialantropologiske studier av Norge, nordmenn og det norske* ['On Norwegian turf: Social anthropological studies of Norway, Norwegians and the Norwegian'] (Oslo: Ad Notam, 1989), p.209.

导师和巫师

是相当重要的。译者是西奥·巴特(与巴特无亲属关系),他本人是一位社会人类学家,翻译非常出色。该书的书名可能暗示这是一本为已入门的读者准备的书:《显现与过程》。①正如巴特在新写的导言中明确指出的:

> 我认为生活,在世界上的任何地方,都是一群人的思想、意图和解释的体现,是他们通过各种过程——如互动、交流、冲突、学习、传统传播、社区、支配等——塑造和呈现出来的样貌。②

这本书出版于1994年,内容与劳特利奇出版社1981年出版的巴特两卷文集有些重叠。③

其中较新的一篇文章是1993年的《价值观是真实的吗》,④它澄清了巴特与实证主义和功利主义的关系问题,并清楚地阐明了他立场中的细微差别。首先,巴特认为任何没有被观察到的东西都不能成为数据材料。但其次,他认为没有被理解和解释的事物,也是没有被真正观察到的。他说,让我们假设,我们在非洲的某个地方看到一个人把长矛给了另一个人。我们到底看到了什么,"这和交换有关吗?税收?顺从?封臣的就职典礼?彩礼?继承?还是其他无数未知的可能?"⑤答案自然取决于更广泛的背景,必须分开研究。这个背景的重要部分在于行

---

① Fredrik Barth, *Manifestajon og prosess*, trans, Theo Barth (Oslo: Universitetsforlaget, 1994).
② Fredrik Barth: 'Innledning' [Introduction'], in ibid., p.11.
③ *Process and Form in Social and Features of Person and Society in Swat*.
④ 'Er verdier virkelige?' in *Manifestasjon og prosess*, pp.128-144. Translated from, 'Are Values Real? The Enigma of Naturalism in the Anthropological Imputation of Values', in M. Hechter et al. (eds), *Origin of Values* (New York: Aldine de Gruyter, 1993), p.31-46.
⑤ 'Er verdier virkelige?' p.129.

动者本身的审慎考虑。价值在这里可能指两件事:规范行为的准则,或者行动者希望获得的稀缺资源。两者都有文化定义,但价值和行动之间没有直接的因果关系。人们努力实现价值最大化的同时,也按照特定的价值观生活。巴特认为,毫不奇怪,研究价值观的最佳方式是通过仔细阅读个人评价、判断和行动,尽可能具体地去做。这与假设基督徒和犹太人会仅仅因为十诫中的一条说"你不应该杀人"而不杀人很不相同。

最近值得一提的另一篇文章极好地展示了比较思维,后期的巴特比早期巴特在这方面更大胆。《导师和巫师》一文涉及巴厘岛人和巴克塔曼人之间的知识传播。[①] 虽然他们在地理上相当接近,但他们属于截然不同的民族志地区,即东南亚和美拉尼西亚。在巴厘岛人中间,知识是由导师传播的,在巴克塔曼人中间,知识则是由巫师——术士或通过仪式的主持人传播。这种反差是惊人的。导师用语言表达,并试图向信徒传递尽可能多的知识。这些知识被记录下来,可以通过查阅经文来验证。相比之下,通过仪式的巫师并不公开有关秘密和被禁忌的知识。他的资本不在于他的学识,而在于他对秘密知识的掌握,这种知识他只能在特定的时间与新手分享。一个是抽象的,另一个是具体的。这篇文章的目的,就像巴特经常做的那样,是开发生成模型。巴特建议严格观察,直接从被观察的过程推断知识体系的社会含义,而不是像格尔茨那样提出详尽的解释,或者像列维-斯特劳斯那样假设结构关系,或者颂扬声音和意义的多样性,就像后现代或后结构主义人类学那样。在巴特的思想中,并不存在只有当新手达到通过仪式的第七级时才可以得到的秘密

---

① 'Opplysning eller mysterier', in *Manifestasjon og prosess*, pp.157-173. Translated from, 'The Guru and the Conjurer: Transaction in Knowledge and the Shaping of Culture in South-East Asia and Melanesia', *Man* 25, 4 (1990): 640-653.

的、隐藏的真理。人类学知识也没有捷径可走。上帝存在于细节中,现实最终总是具体和有形的。

巴特在20世纪90年代被认为是当代人类学中为数不多的伟人之一。在他这一代人中,这样的人物屈指可数:美国的马歇尔·萨林斯、埃里克·沃尔夫和克利福德·格尔茨,英国的玛丽·道格拉斯和杰克·古迪,法国的莫里斯·戈德利和克劳德·列维-斯特劳斯,他们都代表了明确界定的理论立场,被广泛引用,大部分获得赞同,但也有批评。几十年来,他们做出了多项重大的理论贡献。巴特似乎正面临着喜忧参半的局面:他虽被邀请参加各种显赫场合,但是作为人类学成就延续的象征而受到尊崇,而不是新思想的积极贡献者。1990年,在雷克雅未克举行的北欧人类学会议上,巴特做了主旨演讲,我遇到了一个美国学生,她来冰岛研究冰岛人对鲸鱼和捕鲸的奇异观点。我提到了她错过的巴特演讲,巴特建议暂停使用"文化"概念一年,提议用"知识传统"代替它。她大声说,她当然读过巴特,但她相信他已经死了很多年了。原来,她读过他的生态学文章,在这篇文章发表34年后,作者仍只是一个60岁出头精力充沛的人。

当时,他获得了许多的荣誉和认可。1993年,荷兰同行组织了一次关于《族群和边界》思想传承的大型会议,巴特在他的主旨演讲中谈到详细研究移民问题的必要性。[①] 1996年,他获得爱丁堡大学荣誉博士学位。1998年,他获得了国际人类学和民族学协会游牧民族委员会颁发的首个终身成就奖。1998年,德国电影制作人沃纳·斯珀施奈德制作了一部纪录

---

① Fredrik Barth, 'Enduring and Emerging Issues in the Analysis of Ethnicity', in Hans Vermeulen and Cora Govers (eds), *The Anthropology of Ethnicity*: *Beyond Ethnic Groups and Boundaries* (Amsterdam: Het Spinhuis, 1994), pp.11-32.

片，讲述巴特作为人类学家的生活。① 他关于帕坦人和巴赛里人的书籍分别被翻译成普什图语和波斯语。

巴特持续收到邀请，并且经常接受。2000年，他根据新几内亚的资料，在约翰·霍普金斯大学做了题为"知识人类学"的西德尼·明茨年度讲座，随后发表在《当代人类学》杂志上。② 2003年，受贝特森一篇文章的启发，我花了一部分奖金举办了关于灵活性作为分析概念的研讨会。我希望巴特能接受我的邀请，他接受了，这让每个人都非常高兴。不幸的是，研讨会没有发表任何合作出版物，当然，巴特早期关于热带生态学和角色理论的研讨会也是如此。

从20世纪90年代中期开始，巴特变得不那么多产了。《巴厘岛世界》之后，他再没有写过其他重要专著。他研究不丹的材料有一段时间了，但又把它放在一边。在他的后期文章中出现了一些来自不丹的零散的民族志片段，但是除了联合国儿童基金会的报告之外，他还没有从这一田野调查中发表任何东西。有一段时间，他谈到了自己正在写的一本新书，讨论如何借助方法论来发展人类学理论。虽然他就这个主题做了几次演讲，但这本书并没有完成。

然而，巴特绝对没有退休。20世纪90年代上半叶，他作为世界银行的一名顾问定期前往中国，参与一个大坝项目，该项目将为数百万中国农村居民提供电力，但是代价不菲。他享受在不丹节俭的田野调查工作和在中国作为高薪专家的商务舱经历之间的反差。1996年，他辞去埃默里大学的职务，以便在波士顿大学担任类似的兼职教授，这个职位他一直担任

---

① Werner Sperschneider, *Fredrik Barth: From Fieldwork to Theory* (Göttingen: IWF Wissen und Medien, 2001).

② Fredrik Barth, 'An Anthropology of Knowledge', *Current Anthropology* 43, 1 (2002): 1-18.

到 2008 年。在同一时期,维肯在哈佛大学做了几次长期访问研究员,哈佛大学与波士顿大学在同一个城市,这就是巴特决定从埃默里调出的原因。

2008 年,巴特出版了《阿富汗和塔利班》这本书,这很可能是他的最后一本著作。这本书以挪威语写成,建立在他对该地区长期亲身了解的基础之上,为了解普什图语使用者中的宗教领袖提供了难得的历史深度。在这本书发行期间,巴特参加了一次电台辩论和几次公开会议,其中一次是与代表阿富汗战争参战国(挪威)的政治家辩论。巴特指出,这一地区的政治忠诚从来没有和国界一致,相信大多数阿富汗人会支持一位他们所知甚少的遥远总统,尤其是当他被迫在没有当地酋长和宗教领袖支持的情况下建立一个中央集权的国家,这是一厢情愿的想法。此外,阿富汗和巴基斯坦一样,那里的人群不一定觉得彼此之间有很多共同点。熟悉巴特关于裂变式对立、博弈论、部落首领和圣徒等著作的读者,可能会点头认可这一分析。他还简单解释了沙特阿拉伯的奥萨马·本·拉登是如何与毛拉·奥马尔和塔利班成为亲密朋友的。他说,原因是本·拉登和他的组织没有参与地方权力斗争,这意味着他们不太可能在战略行动中转向其他盟友。出于同样的原因,他们完全依赖塔利班的支持,因为他们没有其他地方可以去。基地组织很强大,但很脆弱,因此可以信任。此外,巴特解释了这一地区关于自由的主要概念。在西方社会,人们通常认为自己是自由的,但我们必须遵守许多规则、条例和禁令,我们影响重要决策的可能性有限。在从阿富汗到巴基斯坦低地的部落地带,区分"自由之地"和"政府之地"是很常见的。换句话说,当你被政府统治时,你就不再自由了。

文化的某些部分可能变化很快——手机现在从斯瓦特传到阿富汗——但是文化的其他部分对变化具有较强抵抗力。由于财产和亲属关系产生了政治忠诚的选择,任何人都不应

游牧的人类学家：巴特的人类学旅途

误以为由外国人建立的新政治结构会在一夜之间改变当地的政治忠诚。巴特在这种情况下表现出色，证明了如果他没有选择其他职业，他本可以成为一个多么杰出的公共知识分子。

包括政治家在内，每个人都明白他所传达的信息，但没有产生明显的政治结果。人类学知识对政治家来说并不总是有用的，即使它显然是真的。他们有自己的游戏要玩，他们不一定比像基布诺克这样的人更崇拜真理和透明度。

也许21世纪最意想不到的邀请来自德国的哈雷。新成立的马克斯·普朗克社会人类学研究所希望在2002年春天以一系列关于人类学大传统的讲座来纪念其成立：包括法国、美国、英国和德国的传统。就像1965年巴特被邀请去皇家学会展示社会人类学一样，现在新学会的主任之一克里斯·汉恩找他，要他做五场关于英国传统的讲座。他接受了，但心情矛盾，他知道这项任务需要大量的工作。同时，这也给了他一个机会，为那本永远不会完成的书扩写一些涉及社会人类学中理论和方法关系的笔记。确实可以认为，这五场讲座在一定程度上呈现了由日益复杂的研究方法促成的理论发展，而马林诺夫斯基是其中的关键人物。

哈雷的讲座非常精彩，巴特没有顺从详细阐述自己的知识传记和学术门派的诱惑。[1] 他很少提及自己的作品，并将五场讲座中的两场献给了从1870年到1922年的时期——从泰勒开始，也就是说，在社会人类学作为一门现代的、系统的、立足田野的科学出现之前。讲座细致入微且平衡，巴特在接近尾声时才做出他个人的主观判断。他在那里谈到了世纪之交的英国人类学，特别提到剑桥大学和伦敦政治经济学院，还有曼彻斯特大学和贝尔法斯特的女王大学，认为它们的氛围极有前途、充满活力。更令人感兴趣的是他对职业权威的看法。

---

[1] Fredrik Barth, 'Britain and the Commonwealth'.

他认为,自20世纪60年代以来,社会人类学在普通知识分子生活中逐渐变得更加边缘化,这是事实。关于1945年到1970年这段时间的讲座被命名为"黄金时代",这个说法不一定准确,可以补充的是,它恰好与巴特自己的"黄金时代"相吻合。

巴特认为,英国社会人类学知名度降低的原因是学术领袖权威的削弱和多样性的增加。周围的世界已经不清楚社会人类学究竟代表什么。再没有人能代表这门学科说话,学科内存在着几个相互竞争的论述,共同的主题寥寥无几。这一判断部分正确,但同时应该记住巴特本人从20世纪50年代起就反对一致性和精简化。尽管他本人在卑尔根和奥斯陆是无可争议的知识领袖,但他从未想过要建立一个学派。他要求同事和学生表现出色,这肯定压抑了那些不出名的同事,但他不想控制他们或详细指点他们如何去做。当后现代主义伴随着它对知识权威的批判出现时,他欢迎它,认为它是一股新鲜空气,但很快得出结论,他们实际上所做的大多属于纯学理,远离现实。

确实,在最后一次讲演上,巴特一开始就对某种形式的知识权威提出了相当严厉的批评,这种权威之所以会扼杀思想,是因为它不允许多样性和内部批评。他的老朋友埃默里·彼得斯曾在牛津大学与埃文斯-普里查德共事,后来成为曼彻斯特大学的教授,但他并没有出版所有关于利比亚亲属关系和政治的著作。直到他在1987年去世后,他的文集,包括四篇未发表的文章,才由杰克·古迪和伊曼纽尔·马克斯编辑整理出来。[1] 后来发现,彼得斯在其中一些文章中尖锐地批评了埃文斯-普里查德和他的裂变式对立模式,表明部落组织比结构

---

[1] Emrys Peters, *The Bedouin of Cyrenaica: Studies in Personal and Corporate Power*, ed. Jack Goody and Emanuel Marx (Cambridge: Cambridge University Press, 1991).

功能主义模式更务实,更受情境驱动。几乎从一开始,这就是对结构功能主义的普遍批评,但很少从内部表达出来,也从未在埃文斯-普里查德的民族志和专业领域发表过。巴特认为,由于英国学术文化的等级性质,彼得斯可能没有将这些文章提交给期刊,这抑制了原创性。换句话说,黄金时代的代价高昂。在20世纪50年代和60年代,英国社会人类学代表了一个彻底、高效和凝聚的知识界。代价是内部批评被压制或强烈打压。

当巴特抱怨彼得斯没有机会表达最关键的反对意见时,他可能在间接地评论自己的经历和选择。巴特本人从未被迫为此付出代价,也没有被迫与埃文斯-普里查德或英伦三岛的任何人建立密切的关系。他在剑桥时从挪威领工资,后来在卑尔根找到一个职位。此外,如果需要的话,他可以依靠美国的朋友和支持者。巴特在多个方面都是一个人类学创业者,通过将自己定位在两个主要人类学传统的交汇点——美国和英国,同时身处半边缘地区,他获得了一定程度的自由,假设他每周和牛津的同事去酒吧,或者每月和格卢克曼等一帮人去看两次足球比赛,就难以得到这样的自由。很有可能,巴特通过回顾既往,才意识到1960年没有应邀赴哥伦比亚大学就职有多重要。他通过自己的专业实践,展示了为什么新的文化形式倾向于在斯瓦特山谷丘陵边缘地区的帕坦人中发展起来,同时他们也保留住了帕坦身份。

介于艺术和科学之间

人类学[可能]代表了我们意识的独特扩展,并赋予我们关于人类存在方式的另类知识,这些方式不仅扩展了我们自己的身份和拥有,而且开辟了一系列极其广泛的可能性。因此,相对于任何其他知识传统、生活方式或意识形态,这门学科也可能以批判和解放的方式发挥作用。①

社会科学的潮流和时尚此起彼伏,但很少不留下些有用的东西。从福柯那里,我们保留了关于话语、权力和知识制度的概念;从布迪厄那里,我们保留了惯习、信念(doxa)和资本形式;从马克思主义那里,我们获得对权力和经济持续批判的兴趣;从结构主义那里,我们得知人类的大脑以一种特殊的方

---

① Fredrik Barth, *Manifestasjon og prosess*, p.11.

式运作,通常是通过对立比较的方式。尽管如此,原初形式的结构主义今天几乎被遗忘。很少有人接续20世纪60年代和70年代马克思主义留下的线索。今天,无论是族群科学还是族群方法学(ethnomethodology)都仅被看做知识史的一部分而被阅读。正因如此,巴特从20世纪50年代开始的研究工作,无论是作为权威的人类学描述,还是作为理论贡献,至今仍然具有相关性,这是值得注意的。

巴特早期和后期的工作存在一致性,这可能会被他涉足新领域并提出新问题的喜好所遮掩。英国人类学家理查德·詹金斯,他本人也是关于族群和身份的重要书籍的作者,认识到巴特所作贡献的广泛意义,在1996年写道:

> 巴特没有得到他应得的认可。与布迪厄或格尔茨等全球知名学者相比,他的作品在人类学界以外鲜为人知。这可能是他总在奥斯陆而不是普林斯顿或巴黎的结果,也可能是学术潮流所致。然而,不管是什么原因,巴特的作品是人类学和更为广泛的社会科学中最丰富和最富想象力的作品之一。[1]

巴特也在挪威留下了丰富的遗产。社会人类学在挪威有着特殊的,几乎是独一无二的地位。在四所最著名的大学和几所理工学院都有人类学教学和研究。挪威人类学家在许多领域工作,从新闻到发展组织,学术界以外的人通常对社会人类学家是什么和做什么有一些概念。瑞典、丹麦、荷兰甚至英国的情况并非如此。相对挪威人口规模(500万),挪威拥有的人类学家可以说比任何其他国家都更多。这个谜题的答案很简单:弗雷德里克·巴特。

---

[1] Richard Jenkins, *Social Identity*, 4th edn. (London: Routledge, 2014 [1996]), p.120.

2000 年初，巴特正在讲课
（照片经卑尔根大学霍尔伯格普里森允许使用）

诚然，其他人也做出了相当大的努力，提高了人类学在公共领域和学术界的知名度和相关性。在巴特这一代人中，阿恩·马丁·克劳斯扮演了重要角色，他是一个比巴特更积极的专栏作家和公共演说家。尽管巴特自己早期在库尔德斯坦和斯瓦特进行田野调查工作时写了几篇报纸文章，但此后又过了 35 年，他才再次署名发表了一篇报纸文章，这次是一份反对苏联入侵阿富汗的联合请愿书。[①] 总之，他从未成为报纸的积极撰稿人。但是当谈到研究、国际知名度和人类学未来学生的灵感来源时，巴特扮演了决定性的角色。他可能对他的同龄人有些威慑力，但对年轻一代来说，他的例子表明，雄心

---

① 参照"附录 1 巴特作品列表"中"报纸文章"部分。

勃勃地提交你的作品,在优秀的期刊上发表是完全可能的,而且一个半边缘国家的人类学在质量上不一定比在大学术中心发展起来的人类学要差。

在巴特1988年60岁生日时出版的两部纪念文集,可以很好地说明他对挪威当代学术生活的影响。以挪威语出版的第一部是《在挪威的土地上》,由奥塔尔·布罗克斯和玛丽安·古勒斯塔德编辑。[1] 撰稿人共有18位,都是社会人类学家,许多人都是由巴特培养的,他们都在挪威做研究。主题从艾滋病辩论的修辞(布罗克斯)和电视美学(安德斯·约翰森),到蛋糕抽奖的道德经济学(田·索豪格),语言和边界(布隆)和萨米—挪威族群(特隆德·图恩)。这部书提醒人们注意巴特对本国人类学的看法,正如他在卑尔根担任主席时所表达的那样:人类学有责任为理解自己的社会作出贡献,人类学家在国内所做的研究不比他们在国外所做的研究价值低。今天,这种观点有许多支持者,他们认为道德中立的社会科学应该有一席之地,它能够带来惊奇,把被认为是理所当然的日常生活世界纳入批判的视域。人类学可以从内部来看挪威,也可以从托布里亚群岛或斯瓦特河谷的有利位置来看挪威,而在默认情况下,这个学科对普遍存在的自我满足保持蔑视,认为所有的生命都有相同的价值,即使它们在不同的条件下呈现,被不同的情景机会所选择。

几年后,由赖达尔·格伦豪格、冈纳尔·哈兰和乔治·亨里克森编辑的题为《选择与符号的生态》的英文版纪念文集出版了。[2] 这本书有23位撰稿人,其中只有三位(贝伦岑、布罗

---

[1] Brox and Gullestad (eds), *På norsk grunn*.
[2] Reidar Grønhaug, Gunnar Haaland and Georg Henriksen (eds), *The Ecology of Choice and Symbol: Essays in Honour of Fredrik Barth* (Bergen: Alma Mater, 1991).

格和布罗克斯）同时也为另一卷撰稿。和另一本书一样，这本书的所有作者都是挪威人，或者和潘恩一样，与卑尔根的院系有着密切的联系。编辑们有意识地选择这种方式描绘这个领域，目的是展示巴特对挪威人类学的意义。他们本可以邀请了一两个外国人类学家写稿，但他们没有这样做。在这个系列中，和其他系列一样，明显突出了多样性，从潘恩、哈兰和亨里克森关于族群的章节到索鲁姆关于新几内亚花园魔法的章节，以及古尔布兰森关于卡拉哈里布希曼人的变化和平等主义意识形态的章节。这部纪念文集撰稿人并不都和巴特一起学习或工作过，但是他们都和他的理论观点有关。

如果在社会人类学中存在"巴特主义"，那么在这部纪念文集中，尤其是在有卑尔根背景的同事们写的章节中，可以在某种程度上说，它得到了较好描述。他们的问题阐述清晰，以务实、冷静的态度运用理论，论证结构严谨，逻辑严密。把这两部纪念文集放在一起，可以看作是20世纪90年代初挪威社会人类学的一个代表性橱窗——一个成熟的、创造性的、多样化的、专业的科学活动。这两部书都应该有更广泛的读者群，尤其是英文版，它是由卑尔根的一个小出版商默默无闻地出版的，直到今天，甚至在斯堪的纳维亚人类学家中，这两本书实际上依旧不为人知。

2005年，巴特出版了他自己的回忆录，名为《我们人类》。也就是说，这本书是由出版商和作者共同推出的"深度游记"，从人类学家的旅行中瞥见的东西被发展成对特定文化环境和个人生活的更复杂的解释。在20世纪50年代和60年代的田野工作中，巴特给他的家人寄去了极其丰富和令人回味的信件，著名的犯罪学家和他儿时的朋友尼尔斯·克里斯蒂几次告诉巴特，他应该出版这些信件。在《我们人类》中，这些信件似乎已经被编辑、扩充和出版，但这次是针对比他的至亲家庭更广泛的读者群。尽管如此，这本书读起来还是像一本个人回忆录，从非同一般的意义上说，巴特就是旅行。他经常指出，主要是他的田野调查经验，而不是钻研别人的研究，促使他前进。这种对他者生活的终身热情也有存在主义的一面。虽然巴特从来没有"入乡随俗"，但他似乎从所有和他一起生活的人那里——甚至在个人层面上——学到了一些东西。

换句话说，巴特是一位比许多人所声称的更复杂、更辩证的思想家。他不断在解读和解释之间、在普遍的人类和局部的特殊之间移动，这些只有通过深度观察和参与才能理解。当他谈到田野工作时，他强调了像研究对象一样生活的重要性。这不仅仅是为了做好田野工作，确保当地人的信任。对他来说，像当地人一样生活，最主要的是分享他们体验生活、体验世界的方式。当他们冷的时候，你应该冷。当他们吃变质黄油时，你也应该这样做。当他们被淋湿的时候，你不会正确理解他们是如何把水作为仪式的象征的，除非你和本地交谈伙伴一道有过被突如其来的倾盆大雨淋湿的经历。巴特的作品中，甚至在早期枯燥的文章中，隐藏着一种隐秘的诗意，它最终来源于这样一个意识：有必要贴近他者群体对其自我存在、对世界的私人感受。

《我们人类》讲述了在中国、不丹和新几内亚，以及在巴赛里和库尔德人之间的事件、人物和人类学家的经历。根据巴特的习惯，来自中国和不丹的故事神秘诱人，因为还没有出版任何有关这些访问的学术著作。关于不丹的一章从不丹宇宙观的解释开始，那里有转世的喇嘛和千年的学习传统，可以和欧洲中世纪的修道院相提并论。然后巴特将它与农民的日常劳作和一妻多夫制等制度进行了对比，这种制度在喜马拉雅山脉一带尤为普遍。关于中国的章节讨论了中国现代化的一些后果，他的出发点是他曾担任顾问的水力发电项目。到目前为止，这种特有的矛盾心理已经成为他的标志之一（关于阿富汗人，他打趣道："他们恨美国，但每个人都想去那里。"），

介于艺术和科学之间

他总结道,现代化是有代价的,但目前的变迁毕竟会给当地人带来更好的生活,至少暂时如此。

巴特的分析性旅行故事会提醒读者,当我们在本书中主要关注他的学术成就时,他的某些方面很容易被遗忘。他有一种结交人的非凡天赋,对他人的生活有着无尽的好奇心——他们是如何生活的,他们生活的目的是什么,他们面临什么样的风险,以及他们看到何种未来取向的计划。因此,书中的地点和人类生活并没有被这位访客的亲身经历过度遮蔽。巴特像一个优秀的小说家,巧妙地在前景和背景、人们的实际生活和他们必须展现的环境之间转换。

本书也可以作为某种信条来阅读,它是一位从心所欲者的智识证言。作为一个人,也作为一个研究者,巴特代表了一种温和的文化相对主义。他也许会按照马克思的说法,认为人民创造历史,但并不是在他们自己选择的条件下创造,或者更确切地说,所有人都有相同的梦想和渴望,但它们可能以无数不同的方式实现。在《我们人类》的介绍中,他提出了一个问题:作为人意味着什么?他立即拒绝了这种回答——"这意味着要像我们一样。"[1]因为在这种情况下,世界上所有的文化差异都将毫无意义。

因为独特和具体的东西是人类学项目的核心,他继续说,这门学科不可能成功地确切表述普遍规律而不失去它的特性。他自己在《社会组织模型》和《正在形成的宇宙观》中发展的理论属于中层理论。它们可以有效地应用于许多事实,但不能提供一把打开所有差异和多样性秘密的钥匙,让它们齐整、安静地归位。

然而,巴特可能有一种比他愿意承认的更具普遍主义的倾向。他默认人类有一些基本的共性,只要付出时间和努力,

---

[1] Fredrik Barth, *Vi mennesker*, p.12.

他就能参透不丹人或巴克塔曼人的主观世界,不管他们的世界与我们的有多么不同。

那么,根据世界各地的人类学研究,发展一种关于人性的理论难道不可行吗?通过他的经验,巴特可能已经含蓄地做到了这一点——许多其他优秀的社会和文化人类学家也做到了,尽管通常是含蓄的——通过近身经验和聚焦个人的民族志。当这种研究成功时,就会在读者中制造认同感,让他们认为"在那些条件下,我可能自己也会做同样的事情"。巴特假设人类的情感在任何地方都是相同的,尽管它们是以不同的、文化认可的方式表达的。然而,最吸引巴特的不是人们的共同点,而是人们的差异对比:裂分的库尔德人和中央集权的帕坦人的政治组织之间的差异对比;巴厘岛的知识传统和巴克塔曼神秘崇拜之间的差异对比;网头、船长和同一艘小船上的渔民之间的差异对比。他可能会赞同齐格蒙特·鲍曼的话,这位著名的社会理论家,从巴特族群边界研究得到启发,建议研究一个身份认同的项目,旨在避免固定不变,保持选择开放。① 对巴特来说,做人的艺术以灵活性、实用主义和即兴发挥的技巧为主要特点。

在这种背景下,我们很容易理解为什么他从来就不喜欢结构功能主义、结构主义、马克思主义或者最近的进化心理学。它们都提供了解释方案,在形式上是如此全面和完美,以至于真实生活和真实人群的杂糅纷乱消失了。

然而,不难想象巴特的模型与发展成为进化心理学的社会生物学之间较为密切的关系。后者源于达尔文的进化论,并试图表明人类生存方式的主要特征,以及个人和文化之间

---

① Zygmunt Bauman, 'From Pilgrim to Tourist; or A Short History of Identity', in Stuart Hall and Paul Du Gay (eds), *Questions of Cultural Identity* (London: Sage, 1996), pp.18-36.

的主要差异,这些可以参照人类进化来解释。它是自然主义的,背后有清晰表述的假设驱动,似乎没有给主观意见留下多少空间。巴特偶尔对达尔文表示钦佩,尤其是这位博物学家从直接观察的微小细节中建立普遍有效性理论的能力,例如加拉帕戈斯雀类鸟喙形状的变化。巴特经常回味的格言"观察和思考"来自达尔文作为早期杰出代表的那种不偏不倚、好奇的自然主义传统。此外,比较有趣的是,生物学家约翰·梅纳德·史密斯在20世纪70年代非常成功地应用了巴特在20世纪50年代用来分析政治的相同的博弈论模型,以表明自然选择在微观层面的作用。[1] 尽管如此,巴特仍然坚持拒绝在社会人类学中使用进化论解释。事实上,早在1965年,在温纳-格伦会议的一份未发表的手稿中,他就提出了这方面的第一份纲领性声明。[2]

巴特之所以持怀疑态度是出于两个原因。首先,正如1965年阐述的那样,他认为社会和文化的复杂性不同于生物复杂性,不能用同样的方法来研究。文化变化不是线性和累积的,而是相当不可预测的。其次,研究对象的要素,即它的事实基础,消失了。进化论没有结合对人们主观生活世界、意图和意志行为的研究。人类学的科学目标可能通过部分进化论得以存留,甚至得到加强,但会失去人类学中接近艺术的部分,即生活经验的错综复杂和丰富多彩,以及对使民族志描述令人信服至关重要的人类学反馈。如果重点是做人有很多方式,那么为什么要把它们简化成一种呢?

---

[1] John Maynard Smith, *Evolution and the Theory of Games* (Cambridge: Cambridge University Press, 1982).

[2] Fredrik Barth, 'On the Applicability of an Evolutionary Viewpoint to Cultural Change: Some Theoretical Points' (unpublished paper prepared in advance for participants in the Wenner-Gren symposium no. 30, 'The Evolutionist Interpretation of Culture', August 15-25, 1965).

尽管存在这些反对意见,巴特的人类学和比较生活项目可能会丰富进化论,也通过与进化论更密切的关联而被丰富,这并非不可想象。正如在跨文化交流中一样,第一条戒律是相互尊重,能够倾听对方最无说服力的观点,而不仅仅是最有说服力的观点。例如进化观点不一定等同于"自私的基因生物学",而且存在调和进化论和人类学对独特的、本地的生活世界的研究的方法,而不会导致一个蜕变成另一个。

但是这个项目将不得不留给其他人。巴特的生活计划已经完成,他自2007年开始撰写的自传《人类学六十年》,是他最后的学术作品,当然,除非在某个硬盘上有隐藏的宝藏。第二年,他被授予卑尔根大学的荣誉博士学位,虽然姗姗来迟,但也是当之无愧的。同年晚些时候,他获得了挪威国王哈拉尔德授予的圣奥拉夫勋章。2013年,当时巴特身体虚弱,无法出行,苏黎世大学的彼得·芬克前往奥斯陆,在奥斯陆大学院长和副校长出席的一个简单仪式上,授予巴特该大学荣誉博士学位。

2011年夏天,巴特离开了他在20世纪50年代末购置的山中的房子,搬进了山下几公里处的老年寓所,这是他有生以来第一次离开家。几年来,他的腿一直很差,他已经接受了无法再旅行的事实。对巴特来说,这意味着他作为一名好奇的观察者和知识游牧人的生活已经结束。

弗雷德里克·巴特使人类学成为一个更令人兴奋的领域。他用新的方法、不偏不倚的思维和尖锐的、经常是有争议的分析丰富了这门学科,将专业辩论提升到了一个更高的水平。他对同事的要求和对自己的要求一样高,教授方法上的严谨性、亲眼观察和问相关问题的能力,尤其是有助于明显减少胡说八道的数量,而不幸的是,这种现象在人类学等学科中一直存在,既是一种事实,也是一种威胁。正如哈兰所指出的,巴特可以把他的读者从整体观——即相信一切都必须像拼图那样拼在一起——的陷阱中解放出来。① 没有一个系统是完全整合的,也没有人会完全按照他们被告知那样去做事。随着我们前行,生活在不确定性中自我形塑,是一项断断续续的随机工程。

在对巴特研究的概述中,爱德华·赫维丁和哈拉尔·坦布斯-莱西准确地描述了这个项目:

> 他问我们如何才能找到一种最好的社会分析方法,这种方法既能涵盖大多数类型的人类行为,又能足够具体地包容由个人和环境的特殊性产生的几乎无穷无尽的变化。②

与此同时,巴特的人类学不是无所不包的学说,在他开始研究具有悠久圣经传统的复杂国家社会时,越来越强烈地意识到这一点。他是那种喜欢拿着放大镜、四肢着地细致研究的社会科学家。坐直升机在地球上空的旅行也许让他着迷,无论有没有双筒望远镜,但最终这种方式离实际经验太远了。当然,直升机也需要由有能力的人驾驶。从某种意义上说,统计数据和总体概述与对生活世界的详细研究一样重要。历史和对古代书面传统的了如指掌也是如此。巴特并没有忘记这一点,他带着一丝讽刺的口吻说,他并不认为自己是一个特别有教养的人。

巴特从未想过要创建学派,培养像他一样的学生。他希望在自己的知识之旅中前进,不希望其他人继续滞留在自己早期的研究中。当吉姆·维肯·巴特开始思考自己未来的教

---

① Gunnar Haaland, 'Introduction', in Grønhaug, Haaland and Henriksen (eds), *The Ecology of Choice and Symbol*, p.21.
② Edvard Hviding and Harald Tambs-Lyche, 'Curiosity and Understanding', *The Norseman*, 4/5 (1996): 21-28.

育和职业前景时,父亲建议他不要成为一名社会人类学家,理由是如果儿子和父亲做同样的事情,他要么做得更好,要么做得更差。两者都不可取。

尽管有严格的科学理想,特别是早期的巴特,但他一生的工作并不仅仅是由学术抱负和对世界文化丰富性的好奇心推动的。他的专著也特别明显地显露出诗意情感,尤其是人文主义的元素。他真正感兴趣的是人们如何相处,以及他们如何成功地充分利用自己的处境。21世纪初,一位美国同事在墨西哥城的一次会议上与巴特共度了一段时间,他告诉我,有一天晚上,他向巴特坦白,他为自己的父亲担心,父亲身体不好,退休后独自生活。朋友担心他可能会喝酒喝死。我能做什么,他问巴特,让我父亲戒酒?巴特回答说也许他不应该这么做。"也许这是他留给自己的唯一选择。"

这种态度表达了对人类状况的乐观看法和对自主权的认可。归根结底,这种对他者的态度——而不是他的良好考试成绩,甚至不是他的冒险精神和好奇心——是巴特成为如此杰出的田野工作者的原因。归根结底,他作为民族志田野工作者的效率是由这样一种信念造成的:即生活在完全不同地方的他者人群,他们与你想法不同,与你做的事情也不同,但会持有和你一样的价值观。置身于他们的处境中,你自己也可能会做同样的事情,你应该试着找出这是怎么回事。对于适合应对21世纪挑战的草根人文主义来说,这种开放、宽容和好奇的视角,并不是一个坏的出发点。

附录 1　巴特作品列表

以下是奥斯陆大学图书馆员阿斯特丽德·安德森和弗罗伊迪斯·豪加内于 2012 年编制的参考书目，该书目还得益于尤妮·维肯和努尔夫·古尔布伦森的贡献。

图书

作者和合著者

1953　*Principles of Social Organization in Southern Kurdistan*. Bulletin 7. Oslo：Universitetets Etnografiske Museum.

1956　*Indus and Swat Kohistan：An Ethnographic Survey*. Studies Honouring the Centennial of the Universitetets Etnografiske Museum, Oslo 1857—1957, 2. Oslo：Universitetets Etnografiske Museum.

1959　*Political Leadership among Swat Pathans*. Monographs on Social Anthropology, 19. London：Athlone Press.

1961　*Nomads of South Persia：The Basseri Tribe of the Khamseh Confederacy*. Bulletin, 8. Oslo：Universitetets Etnografiske Museum.

1966　*Models of Social Organization*. Royal Anthropological Institute

Occasional Paper, 23. London: Royal Anthropological Institute. (Republished in: Fredrik Barth, *Process and Form in Social Life: Selected Essays*, Vol. 1, London: Routledge & Kegan Paul, 1981.)

1966 [in Robert N. Pehrson's name] *The Social Organization of the Marri Baluch*, compiled and analysed by Fredrik Barth from Pehrson's fieldnotes. Viking Fund Publications in Anthropology, 43. Chicago: Aldine.

1967 *Human Resources: Social and Cultural Features of The Jebel Marra Project Area*. Bergen Occasional Papers in Social Anthropology, 1. Bergen: University of Bergen.

1971 *Socialantropologiska problem*, trans. S. Hedman. Stockholm: Prisma.

1975 *Ritual and Knowledge among the Baktaman of New Guinea*. Oslo: Universitetsforlaget.

1980 *Andres liv-og vårt eget*. Oslo: Gyldendal.

1980 *Sosialantropologien som grunnvitenskap. Grundvidenskaben i dag*, 21. Copenhagen: Folkeuniversitetet.

1981 *Features of Person and Society in Swat: Collected Essays on Pathans, Selected Essays of Fredrik Barth*, Vol. 2. International Library of Anthropology. London: Routledge & Kegan Paul.

1981 *Process and Form in Social Life: Selected Essays of Fredrik Barth*, Vol. 1. International Library of Anthropology. London: Routledge & Kegan Paul.

1983 *Sohar: Culture and Society in an Omani Town*. Baltimore: Johns Hopkins University Press.

1985 [with Miangul Jahanzeb] *The Last Wali of Swat: An Autobiography as Told to Fredrik Barth*. Oslo: Universitetsforlaget.

1987 *Cosmologies in the Making: A Generative Approach to Cultural Variation in Inner New Guinea*. Cambridge Studies in Social Anthropology, 64. Cambridge: Cambridge University Press.

1993 *Balinese Worlds*. Chicago: University of Chicago Press.

1994 *Manifestasjon og prosess*, trans. Theo Barth. Det Blå bibliotek. Oslo: Universitetsforlaget.

2000 [with Tomko Lask] *O guru, o iniciador: e outras variações antropológicas*, trans. J.C. Comerford. Coleção Typographos. Rio de Jainero: Contra Capa.

2005 [with Andre Gingrich, Robert Parkin and Sydel Silverman] *One Discipline, Four Ways: British, German, French, and American Anthropology-the Halle Lectures*. Chicago: University of Chicago Press.

2005 *Vi mennesker: fra en antropologs reiser*. Oslo: Gyldendal.

2008 *Afghanistan og Taliban*. Oslo: Pax.

2011 [with Unni Wikan] *The Situation of Children in Bhutan: An Anthropological Perspective*. Thimphu: Centre for Bhutan Studies

编辑

1963 *The Role of the Entrepreneur in Social Change in Northern Norway*, Årbok for Universitetet i Bergen. Humanistisk Serie, 1963: 3. Bergen: Universitetsforlaget.

1969 *Ethnic Groups and Boundaries: The Social Organization of Culture Difference*. Results of a Symposium Held at the University of Bergen, 23 to 26 February 1967. Bergen: Universitetsforlaget.

1971 *Mennesket som samfunnsborger: en uformell introduksjon til sosialantropologi*. U-bøkene, 175. Bergen: Universitetsforlaget.

1978 *Scale and Social Organization*. Oslo: Universitetsforlaget.

文章

图书章节

1960 'Family Life in a Central Norwegian Mountain Community', in T.D. Eliot and A. Hillman (eds), *Norway's Families: Trends-Problems-Programs*. Philadelphia: University of Pennsylvania Press, pp.81-107.

1960 'The System of Social Stratification in Swat, North Pakistan', in E. R. Leach (ed.), *Aspects of Caste in South India, Ceylon and North-West Pakistan*. Cambridge Papers in Social Anthropology. Cambridge: Cambridge University Press, pp. 113-146. (Republished in: Fredrik Barth, *Features of Person and Society in Swat: Selected Essays*, Vol. 2, London: Routledge & Kegan Paul, 1981.)

1963 'Introduction', in Fredrik Barth (ed.), *The Role of the Entrepreneur in Social Change in Northern Norway*. Årbok for Universitetet i Bergen. Humanistisk serie, 1963: 3. Bergen: Universitetsforlaget, pp.5-18.

1964 'Capital, Investment and the Social Structure of a Pastoral Nomad Group in South Persia', in R. Firth and B.S. Yamey (eds), *Capital, Saving and Credit in Peasant Societies: Studies from Asia, Oceania, the Caribbean, and Middle America*. Chicago: Aldine, pp.69-81. (Republished in: Edward E. Leclair and Harold K. Schneider (eds), *Economic Anthropology*, New York: Holt, Rinehart and Winston, 1968; Walter Goldschmidt (ed.), *Exploring the Ways of Mankind: A Text-Casebook*, New York: Holt, Rinehart and Winston, 1971; David H. Spain (ed.), *Human Experience*, Illinois: Dorsey, 1975; Thomas Hylland Eriksen (ed), *Sosialantropol-*

ogiske grunntekster, Oslo: Ad Notam Gyldendal, 1996; Stephen Gudeman (ed.), *Economic Anthropology*, Cheltenham: Edward Elgar, 1998.)

1964 'Ethnic Processes on the Pathan Baluch Boundary', in G. Redard (ed.), *Indo-Iranica: mélanges présentés à Georg Morgenstierne à l'occasion de son soixantedixième anniversaire*. Wiesbaden: Otto Harrassowitz, pp. 13-20. (Republished in John J. Gumperz, and Dell Hymes (eds), *Directions in Sociolinguistics: The Ethnography of Communication*, New York: Holt, Rinehart and Winston, 1972, 2nd edn., Oxford: Blackwell, 1986.; Fredrik Barth, *Features of Person and Society in Swat: Selected Essays*, Vol. 2, London: Routledge & Kegan Paul, 1981.)

1967 'Economic Spheres in Darfur', in R. Firth (ed.), *Themes in Economic Anthropology*. ASA Monographs, 6. London: Tavistock, pp. 149-174. (Republished in: Fredrik Barth, *Process and Form in Social Life: Selected Essays*, Vol. 1, London: Routledge & Kegan Paul, 1981.)

1968 'Forasien', in George J.N. Nicolaisen and Stephan Kehler (eds), *Verdens folkeslag i vor tid*. Politikens håndbøger. Copenhagen: Politikens Forlag, pp.220-240.

1968 'Ritual Life of the Basseri', in A. Shiloh (ed.), *Peoples and Cultures of the Middle East*. New York: Random House, pp. 153-169. (Originally published in: Fredrik Barth, *Nomads of South Persia: The Basseri Tribe of the Khamseh Confederacy*. Oslo: Universitetets Etnografiske Museum, 1961.)

1969 'Introduction', in Fredrik Barth (ed.), *Ethnic Groups and Boundaries: The Social Organization of Culture Difference*. Bergen: Universitetsforlaget, pp. 9-38. (Republished in:

Fredrik Barth, *Process and Form in Social Life: Selected Essays*, Vol. 1, London: Routledge & Kegan Paul, 1981; Thomas Hylland Eriksen (ed.), *Sosialantropologiske grunntekster*, Oslo: Ad Notam Gyldendal, 1996.)

1969 'Pathan Identity and its Maintenance', in Fredrik Barth (ed.), *Ethnic Groups and Boundaries: The Social Organization of Culture Difference*. Oslo: Universitetsforlaget, pp.117-134. (Republished in: Fredrik Barth, *Features of Person and Society in Swat: Selected Essays*, Vol. 2, London: Routledge & Kegan Paul, 1981.)

1971 'Forfedrekultus og fruktbarhet: livssynet i en primitiv religion på Ny-Guinea', in Fredrik Barth (ed.), *Mennesket som samfunnsborger*. Bergen: Universitetsforlaget, pp.10-21.

1971 'Minoritetsproblem från socialantropologisk synspunkt', in D. Schwarz (ed.), *Identitet och minoritet*. Stocholm: Almqvist & Wiksell, pp.59-78. (Republished in: Jacques Blum (ed.), *Minoritetsproblemer i Danmark*, Copenhagen: Gyldendal, 1975.)

1971 'Reaching Decisions in a Pastoral Community', in W. Goldschmidt (ed.), *Exploring the Ways of Mankind: A Text-Casebook*, New York: Holt, Rinehart & Winston, pp.451-457. (Originally published in: Fredrik Barth, *Nomads of Southern Persia*, Oslo: Universitetets Etnografiske Museum, 1961; republished in: Walter Goldschmidt (ed.), *Exploring the Ways of Mankind: A Text-Casebook*, 2nd edn, New York: Holt, Rinehart & Winston, 1977.)

1971 'Role Dilemmas and Father-Son Dominance in Middle-Eastern Kinship Systems', in F.L.K. Hsu (ed.), *Kinship and Culture*. Chicago: Aldine, pp.87-95. (Republished in: Fredrik Barth, *Process and Form in Social Life: Selected Es-

says, Vol. 1, London: Routledge & Kegan Paul, 1981.)

1973 'Descent and Marriage Reconsidered', in J. Goody (ed.), *The Character of Kinship*. London: Cambridge University Press, pp.3-19. (Republished in Fredrik Barth, *Process and Form in Social Life: Selected Essays*, Vol. 1, London: Routledge & Kegan Paul, 1981.)

1973 'A General Perspective on Nomad-Sedentary Relations in the Middle East', in C. Nelson (ed.), *The Desert and the Sown: Nomads in the Wider Society*. Institute of International Studies Research Series, 21. Berkeley: University of California, pp.11-21. (Republished in: Fredrik Barth, *Process and Form in Social Life: Selected Essays*, Vol. 1, London: Routledge & Kegan Paul, 1981.)

1974 'Forord', in Erving Goffman, *Vårt rollespill til daglig: en studie i hverdagslivets dramatikk*, trans. Karianne Risvik. Oslo: Dreyer, pp.7-8.

1978 'Conclusions: Scale and Social Organization', in Fredrik Barth (ed.), *Scale and Social Organization*. Oslo: Universitetsforlaget, pp.253-273.

1978 'Introduction: Scale and Social Organization', in Fredrik Barth (ed.), *Scale and Social Organization*. Oslo: Universitetsforlaget, pp.9-12.

1978 'Scale and Network in Urban Western Society', in Fredrik Barth (ed.), *Scale and Social Organization*. Oslo: Universitetsforlaget, pp.163-183.

1980 [with Oddny Reitan] 'Baktamin (Faiwolmin) Kinship: A Preliminary Sketch', in E.A. Cook and D. O'Brien (eds), *Blood and Semen: Kinship Systems of Highland New Guinea*. Ann Arbor: University of Michigan Press, pp.283-298.

1980 'Betydningen av transaksjoner som analytiske begrep', in I. L. Høst and C. Wadel (eds), *Fiske og lokalsamfunn: en artikkelsamling*. Tromsø: Universitetsforlaget, pp.26-42. (Originally published as: Fredrik Barth, *Models of Social Organization*, Chapter 1, London: Royal Anthropological Institute of Great Britain and Ireland, 1966.)

1981 '"Models" Reconsidered', in Fredrick Barth, *Process and Form in Social Life: Selected Essays of Fredrik Barth*, Vol. 1. London: Routledge & Kegan Paul, pp.76-105.

1981 'Swat Pathans Reconsidered', in Fredrik Barth, *Process and Form in Social Life: Selected Essays of Fredrik Barth*, Vol. 1. London: Routledge & Kegan Paul, pp.121-181.

1982 'Ottar Brox som elev i sosialantropologien', in R. Nilsen, E. Reiersen and N. Aarseter (eds), *Folkemakt og regional utvikling: festskrift til Ottar Brox'* 50-årsdag. Oslo: Pax Forlag, pp.23-30.

1987 'Complications of Geography, Ethnology and Tribalism', in B.R. Pridham (ed.), *Oman: Economic, Social, and Strategic Developments*. London: Croom Helm, pp.17-30.

1987 'Cultural Wellsprings of Resistance in Afghanistan', in R. Klass (ed.), *Afghanistan: The Great Game Revisited*. Focus on Issues, 3. New York: Freedom House, pp.187-202.

1987 'Preface', in A. Rao (ed.), *The Other Nomads: Peripatetic Minorities in Cross-cultural Perspective*. Kölner Ethnologische Mitteilungen, 8. Cologne: Böhlau Verlag, pp.vii-xi.

1989 'Om styring ved universitetene', in A. Graue and K. A. Sælen (eds), *Universitet og samfunn: Festskrift til Magne Lerheim på 60-årsdagen den 14. desember* 1989. Bergen: Alma Mater, pp.27-34.

1992 'Towards Greater Naturalism in Conceptualizing Societies', in Adam Kuper (ed.), *Conceptualizing Society*. London: Routledge, pp.17-33.

1993 'Are Values Real? The Enigma of Naturalism in the Anthropological Imputation of Values', in M. Hechter, L. Nadel and R. E. Michod (eds), *Origin of Values*. New York: Aldine de Gruyter, pp.31-46.

1993 'Nature as Object of Sacred Knowledge: The Case of Mountain Ok', in N. Witoszek and E. Gulbrandsen (eds), *Culture and Environment: Interdisciplinary Approaches*. Oslo: SUM, Universitetet i Oslo, pp.19-32.

1994 'Enduring and Emerging Issues in the Analysis of Ethnicity', in C. Govers and H. Vermeulen (eds), *The Anthropology of Ethnicity: Beyond 'Ethnic Groups and Boundaries'*. Amsterdam: Het Spinhuis, pp.11-32.

1994 'Innledning', in Fredrik Barth, *Manifestasjon og prosess*. Oslo: Universitetsforlaget, pp.9-15.

1994 'Nye og evige temaer i studiet av etnisitet', in Fredrik Barth, *Manifestasjon og prosess*. Oslo: Universitetsforlaget, pp. 174-192.

1994 'A Personal View of Present Tasks and Priorities in Cultural and Social Anthropology', in R. Borofsky (ed.), *Assessing Cultural Anthropology*. New York: McGraw-Hill, pp.349-360.

1996 'Global Cultural Diversity in a "Full World Economy"', in L. Arizpe (ed.), *Cultural Dimensions of Global Change*. Paris: UNESCO, pp.19-29.

1997 'How is the Self Conceptualized? Variations among Cultures', in U. Neisser and D.A. Jopling (eds), *The Conceptual Self in*

Context: *Culture*, *Experience*, *Self-Understanding*. Cambridge: Cambridge University Press, pp.75-91.

1998 [with Unni Wikan] 'The Role of People in Building Peace', in J. Ginat and O. Winckler (eds), *The Jordanian-Palestinian-Israeli Triangle: Smoothing the Way to Peace*. Brighton: Sussex Academic Press, pp.112-118.

1999 'Comparative Methodologies in the Analysis of Anthropological Data', in J. Bowen and R. Peterson (eds), *Critical Comparisons in Politics and Culture*. Cambridge: Cambridge University Press, pp.78-89.

2000 'Boundaries and Connections', in A.P. Cohen (ed.), *Signifying Identities*. London: Routledge, pp.17-36.

2002 'The Changing Structure of Public Opinion in the Middle East', in J. Ginat, E.J. Perkins and E.G. Corr (eds), *Middle East Peace Process: Vision Versus Reality*. Brighton: Sussex Academic Press, pp.51-55.

2002 'Toward a Richer Description and Analysis of Cultural Phenomena', in R.G. Fox and B.J. King (eds), *Anthropology beyond Culture*. Oxford: Berg, pp.23-36.

2003 'Epilogue', in I. Hoëm and S. Roalkvam (eds), *Oceanic Socialities and Cultural Forms: Ethnographies of Experience*. Oxford: Berghahn Books, pp.199-208.

期刊论文

1947 'Nye muligheter for aldersbestemmelse av arkeologiske funn', *Viking* 11: 267-268.

1948 'Aktuelle antropologiske problem (Omkring American Anthropological Associations årsmøte i Chicago, 27.-31. desem-

附录1 巴特作品列表

ber 1946)', *Naturen* 1: 1-9.*

1948 'Cultural Development in Southern South America: Yaghan and Alakaluf versus Ona and Tehuelche', *Acta Americana* 6 (3/4): 192-199.

1950 'Ecological Adaption and Cultural Change in Archaeology', *American Antiquity* 15(4): 338-339.

1950 'On the Relationships of Early Primates', *American Journal of Physical Anthropology* 8(2): 128-136. (Republished in: William W. Howells (ed.), *Ideas on Human Evolution*. Cambridge, MA: Harvard University Press, 1962.)

1951 'Førhistoriske datoer: De nye metodene til aldersbestemmelse av oldfunn', *Vi vet. Fra forskningens og vitenskapens verden* 13(1): 385-389.

1952 'A Preliminary Report on Studies of a Kurdish Community', *Sumer: A Journal of Archaeology in Iraq* 8(1): 87-89.

1952 'The Southern Mongoloid Migration', *Man* 52: 5-8.

1952 'The Southern Mongoloid Migration [commentary]', *Man* 52: 96.

1952 'Subsistence and Institutional System in a Norwegian Mountain Valley', *Rural Sociology* 17(1): 28-38.

1954 'Father's Brother's Daughter Marriage in Kurdistan', *Southwestern Journal of Anthropology* 10(2): 164-171. (Republished in: Louise E. Sweet (ed.), *Peoples and Cultures of the Middle East: An Anthropological Reader*, Vol. 1: *Cultural Depth and Diversity*, New York: Natural History Press, 1970; *Journal of Anthropological Research*, 42(3):

---

* 这篇文章以巴特的第一个孩子"T.F.W.巴特"署名,但是它延期出版了。

259

389-396, 1986.)

1955 'The Social Organization of a Pariah Group in Norway', *Norveg* 5: 125-144. (Republished in: Farnham Rehfisch (ed.), *Gypsies, Tinkers and Other Travellers*, London: Academic Press, 1975.)

1956 'Ecological Relationships of Ethnic Groups in Swat, North Pakistan', *American Anthropologist* 58 (6): 1079-1089. (Republished in: George A. Theodorsen (ed.), *Studies in Human Ecology*, Evanston, IL: Harper & Row, 1961; Charles C. Hughes (ed.), *Custom-made: Introductory Readings for Cultural Anthropology*, Chicago: Rand McNally, 1976; Robert F. Murphy (ed), *Selected Papers from the American Anthropologist*: 1946-1970, Washington: American Anthropological Association, 1976; Fredrik Barth, *Features of Person and Society in Swat: Selected Essays*, Vol. 2, London: Routledge & Kegan Paul, 1981; Michael Dove and Carol Carpenter (eds), *Environmental Anthropology: A Historical Reader*, Malden, MA: Blackwell, 2008.)

1958 [with George Morgenstierne] 'Vocabularies and Specimens of Some Southeast Dardic Dialects', *Norsk tidsskrift for sprogvidenskap* 18: 118-136.

1959 'The Land Use Pattern of Migratory Tribes of South Persia', *Norsk geografisk tidsskrift/Norwegian Journal of Geography* 17(1-4): 1-11.

1959 'Segmentary Opposition and the Theory of Games: A Study of Pathan Organization', *Journal of the Royal Anthropological Institute* 89 (1): 5-21. (Republished in: Fredrik Barth, *Process and Form in Social Life: Selected Essays*, Vol. 1, London: Routledge & Kegan Paul, 1981.)

附录1 巴特作品列表

1964 'Competition and Symbiosis in North East Baluchistan', *Folk* 6(1): 15-22. (Republished in Fredrik Barth, *Process and Form in Social Life: Selected Essays*, Vol. 1, London: Routledge & Kegan Paul, 1981.)

1966 'Anthropological Models and Social Reality: The Second Royal Society Nuffield Lecture', *Proceedings of the Royal Society of London, Series B: Biological Science* 165 (998): 20-34. (Republished in: Fredrik Barth, *Process and Form in Social Life: Selected Essays*, Vol. 1, London: Routledge & Kegan Paul, 1981; Thomas Hylland Eriksen (ed.), *Sosialantropologiske grunntekster*, Oslo: Ad Notam Gyldendal, 1996.)

1967 'Game Theory and Pathan Society', *Man* 2(4): 629.

1967 'On the Study of Social Change', *American Anthropologist* 69 (6): 661-669. (Republished in: Morris Freilich (ed.), *The Meaning of Culture: A Reader in Cultural Anthropology*, Lexington, VA: Xerox College Publishing, 1971; Fredrik Barth, *Process and Form in Social Life: Selected Essays*, Vol. 1, London: Routledge & Kegan Paul, 1981.)

1968 'Forord', *Tidsskrift for samfunnsforskning* 9(2): 85-88.

1968 'Muligheter og begrensninger i anvendelsen av sosialantropologi på utviklingsproblemene', *Tidsskrift for samfunnsforskning* 9 (2): 311-325. (Republished in: Vilhelm Aubert (ed.), *Sosiologien i samfunnet*, Oslo: Universitetsforlaget, 1973.)

1971 'Det som aldrig blir sagt och det som kunde ha sagts', *Antropologiska studier* 1: 9-11.

1971 'Tribes and Intertribal Relations in the Fly Headwaters', *Oceania* 41(3): 171-191.

1972 'Analytical Dimensions in the Comparison of Social Organizations', *American Anthropologist* 74(1/2): 207-220. (Republished in: Fredrik Barth, *Process and Form in Social Life*: Selected Essays, Vol. 1, London: Routledge & Kegan Paul, 1981.)

1972 'Et samfunn må forstås ut fra egne forutsetninger: U-landsforskning i sosialantropologisk perspektiv', *Forskningsnytt* 17(4): 7-11.

1972 'Synkron komparasjon: syntese, analyse, komparasjon', *Studier i historisk metode* 6: 19-35.

1974 'On Responsibility and Humanity: Calling a Colleague to Account', *Current Anthropology* 15(1): 99-103.

1975 'Møte med fremmede kulturer', *Over alle grenser* (*Norges Røde Kors*) 55(9): 10-13, 38.

1976 [with Unni Wikan] 'Cultural Pluralism in Oman', *Journal of Oman Studies* 4.

1976 'Forskning om barn i sosialantropologi', *Forskningsnytt* 21(5): 42-43.

1977 'Comment: On Two Views of the Swat Pushtun by Louis Dumont', *Current Anthropology* 18(3): 516.

1978 'Factors of Production, Economic Circulation, and Inequality in Inner Arabia', *Research in Economic Anthropology* 1: 53-72.

1981 'Hva skal vi med kamera i felten?' *Antropolognytt* 3(3): 51-61.

1983 'Sohar [Letter]', *Times Literary Supplement* 4208: 1321.

1984 'I stedet for myter: sosialantropologiske perspektiver på myter i andre samfunn, og våre alternativer', *Samtiden* 93(5): 2-5.

1984 'Letter to the Editor', *Journal of Peasant Studies* 11(3): 122-123.

1985	'Glimt fra et sosialantropologisk arbeid i Kurdistan', *Kurdistannytt* 1 (1985): 34-36.
1987	'Iran dyrker roser for duftens skyld', *Flyktning* 1: 40-41.
1989	'The Analysis of Culture in Complex Societies', *Ethnos* 54 (3/4): 120-142.
1990	'Ethnic Processes on the Pathan-Baluchi Boundary', *Newsletter of Baluchistan Studies* 7: 71-77.
1990	'The Guru and the Conjurer: Transactions in Knowledge and the Shaping of Culture in South-East Asia and Melanesia', *Man* 25(4): 640-653.
1992	'Method in Our Critique of Anthropology', *Man* 27(1): 175-177.
1992	'Objectives and Modalities in South-North University Cooperation', *Forum for Development Studies* 1: 127-133.
1994	'Et flerkulturelt Norge?' *Kirke og kultur* 99(4): 297-302.
1995	'Other Knowledge and Other Ways of Knowing', *Journal of Anthropological Research* 51(1): 65-68.
1996	'Introductory Comment to O. Brox, My Life as an Anthropologist', *Ethnos* 61(1/2): 103-104.
1997	'Economy, Agency and Ordinary Lives', *Social Anthropology* 5(3): 233-242.
1999	'Comparing Lives', *Feminist Economics* 5(2): 95-98.
2000	'Reflections on Theory and Practice in Cultural Anthropology: Excerpts from Three Articles', *Napa Bulletin* 18(1): 147-163.
2001	[with Robert Borofsky, Richard A. Shweder, Lars Rodseth and Nomi Maya Stolzenberg] 'When: A Conversation about Culture', *American Anthropologist* 103(2): 432-446.
2002	'An Anthropology of Knowledge', Sidney W. Mintz Lecture

for 2000, *Current Anthropology* 43(1): 1-18.

2007 'Overview: Sixty Years in Anthropology', *Annual Review of Anthropology* 36: 1-16.

会议论文,专题论文,工作报告

1957 *Political Organisation of Swat Pathans*. Ph.D. dissertation. Cambridge: University of Cambridge.

1959 'Tribal Structures of Iran', Social Science Seminar Working Paper. Tehran: Faculty of Arts University of Tehran/Paris: UNESCO.

1960 'Nomadism in the Mountain and Plateau Areas of South West Asia', paper read at General Symposium on Arid Zone Problems, Paris, 11-18 May 1960. Paris: UNESCO. (Published as: 'Herdsmen of Southwest Asia', in Peter B. Hammond (ed.), *Cultural and Social Anthropology*, New York: Macmillan, 1964.)

1961 'Diffusjon-et tema i studiet av kulturelle prosesser', paper presented at 'Kultur og diffusjon', Nordic Ethnography Meeting, 1960, Oslo. *Bulletin*, *Universitetets etnografiske museum*, 10. Oslo. (Also published by Institutet för folklivsforskning, Stockholm, 1974.)

1964 'The Fur of Jebel Marra: An Outline of Society Paper'. Khartoum: Department of Anthropology, University of Khartoum.

1964 'The Settlement of Nomads as Development Policy', lecture given at Sudan Society II, Khartoum.

1965 [with Karl Evang] *Innstilling fra Norsk utviklingshjelps familieplanleggingsutvalg*. Report for Norwegian Foreign Aid's Family Planning Committee. Oslo: Utvalget.

1965 'On the Applicability of an Evolutionary Viewpoint to Cultural Change: Some Theoretical Points', unpublished paper presented at the Wenner-Gren Symposium, 'The Evolutionist Interpretation of Culture', Burg Wartenstein, 15-25 August.

1965 'Utviklingslandene i vår tid', lecture given at the 28th West Norwegian Farmers' Meeting. *Vestlandske bondestemna. Skrift*, 55. Bergen: Vestlandske bondestemna.

1970 'Sociological Aspects of Integrated Surveys for River Basin Development', unpublished presentation to the 4th International Seminar, ITC-UNESCO Centre for Integrated Surveys.

1971 *Organisasjon og ledelse: innstilling fra Organisasjonskomitéen (oppnevnt av Det akademiske kollegium 8. og 15. november 1968)*. Bergen: Universitetsforlaget.

1973 *Samfunn og kultur*. Oslo: NRK, Skoleradioen.

1976 'Socio-economic Changes and Social Problems in Pastoral Lands', in *Proceedings of an International Meeting on Ecological Guidelines for the Use of Natural Resources in the Middle East and South West Asia held at Persepolis, Iran 24-30 May* 1975. IUCN Publications New Series, 34. Morges, Switzerland: International Union for Conservation of Nature, pp.74-80.

1982 [with Unni Wikan] 'Cultural Impact of the Ok Tedi Project: Final Report'. Boroko: Institute of Papua New Guinea Studies.

1984 'Problems in Conceptualizing Cultural Pluralism, with Illustrations from Sohar, Oman', in Stuart Plattner and David Maybury-Lewis (eds), *The Prospects for Plural Societies: 1982 Proceedings of the American Ethnological Society*.

Washington: American Ethnological Society, pp.77-87.

1985 'Complications of Geography, Ethnology and Tribalism', in *Aspects of Oman*. Exeter: Centre for Arab Gulf Studies, Exeter University, pp.17-30.

1987 'An Evaluation of a Nordic R & D Institute: The Case of the Scandinavian Institute of Asian Studies (CINA)', in Bertil Ståhle (ed.), *Evaluation of Research: Nordic Experiences*. Copenhagen: Nordisk ministerråd, pp.34-42.

1989 [with Unni Wikan] 'Bhutan Report: Results of Fact-finding Mission 1989'. Oslo: UNICEF/University of Oslo.

1989 'Beliefs and Decisions in Health Care', in *Workshop on Religion and Health* 2nd-4th Oct. 1989. Thimpu, Bhutan: Dratsang Lhentshog & Department of Health Services, pp. 54-56.

1990 'Innledning. Presentasjon ved Fellesmøte, Det norske vitenskaps-akademi. *Årbok, Det norske vitenskaps-akademi*, 1989, pp.50-54.

1990—1991 'Social/Cultural Anthropology', *Report of the Wenner-Gren Foundation for Anthropological Research*, 50th Anniversary Issue, pp.62-70.

1991 'Cultural Factors and User Orientation: The Transfer of Sanitation Technology to Bhutan', in *Technology Transfer to Developing Countries: Collection of Articles*. Oslo: Norwegian Research Council for Applied Social Science, pp.91-196.

1994 [with T.R. Williams] 'Initial Resettlement Planning and Activity (1992—1994) in a Large Scale Hydropower Process: The Ertan Dam in Southwest China'. (draft report).

1995 'Ethnicity and the Concept of Culture'. *Program on Nonviolent Sanctions and Cultural Survival Seminar Synopses*. Lecture at the conference 'Rethinking Culture', Harvard, 1995.

2006 'Minnetale over dr. philos Johannes Falkenberg', Holdt i Den historisk-filosofiske klasses møte den 10. februar 2005, Årbok, Det norske videnskaps-akademi, 2005, pp.128-131.

书评

1956 Herold J. Wiens, *China's March toward the Tropics* (Hamden, CT: Shoe Strings Press, 1954), *Man* 56: 13.

1958 Donald N. Wilber (ed.), *Afghanistan* (New Haven: HRAF Press, 1956) and *Annotated Bibliography of Afghanistan* (New Haven: HRAF Press, 1956), *Man* 58: 167-168.

1962 Sol Tax and Charles Callener (eds), *Issues in Evolution* (Chicago: University of Chicago Press, 1960), *American Anthropologist* 64(1): 166-169.

1962 Sachin Roy, *Aspects of Padam-Minyong Culture* (Shillong: North-East Frontier Agen, 1960), *American Anthropologist* 64(6): 1333-1334.

1964 Arnold J. Toynbee, *Between Oxus and Jumna* (London: Oxford University Press, 1961), *Oriens* 17: 246.

1965 A. Reza Arsateh, *Man and Society in Iran* (Leiden: Brill, 1964), *American Anthropologist* 67(2): 561-562.

1980 Paula G. Rubel and Abraham Rosman (eds), *Your Own Pigs You May Not Eat: A Comparative Study of New Guinea Societies* (Chicago: University of Chicago Press, 1978), *Ethnos* 45(1/2): 114-115.

1990 John G. Kennedy, *The Flower of Paradise: The Institutionalized Use of the Drug Qat in North Yemen* (Dordrecht: Springer, 1987), *American Ethnologist* 17(2): 404-405.

1995 Hildred Geertz, *Images of Power: Balinese Paintings Made* for Gregory Bateson and Margaret Mead (Honolulu: University of Hawaii Press, 1995), *American Anthropologist* 97 (4): 806-807.

1996　Emrys L. Peters, *The Bedouin of Cyrenaica: Studies in Personal and Corporate Power* (Cambridge: Cambridge University Press, 1990), *American Ethnologist* 23 (3): 651-652.

1998　Richard Tapper, *Frontier Nomads of Iran: A Political and Social History of the Shahsevan* (Cambridge: Cambridge University Press, 1997), *Acta Orientalia* 59: 287-288.

2002　Marianne Gullestad, *Det norske sett med nye øyne: kritisk analyse av norsk innvandringsdebatt* (Oslo: Universitetsforlaget, 2002), *Norsk Antropologisk Tidsskrift* 13(3): 164-168.

2002　[with Pascal Boyer, Michael Houseman, Robert N. McCauley, Brian Malley, Luther H. Martin, Tom Sjoblom and Garry W. Trompf] Harvey Whitehouse, *Arguments and Icons: Divergent Modes of Religiosity* (Oxford: Oxford University Press, 2000), *Journal of Ritual Studies* 16(2): 4-59.

2010　James C. Scott, *The Art of Not Being Governed: An Anarchist History of Upland Southeast Asia* (New Haven: Yale University Press, 2009), *Science* 328(5975): 175.

报纸文章

1951　'Tilbake til kulturens kilder: på arkeologisk tokt i Kurdistan', *Verdens Gang*, 5 May, p.9.

1951　'Norsk etnograf i Suleimani', *Verdens Gang*, 14 July, p.9.

1951　'På besøk hos kongen i Kurdistan', *Verdens Gang*, 22 September, p.9.

1954　'Blant guvernører, høyheter og sekkepipere i Pakistan',

Verdens Gang, 10 April, p.3.
1954 'Uro i Pakistan', *Verdens Gang*, 4 May, p.3.
1954 'Patanen og hvorfor: etnografiske betraktninger om: urene venstrehender-korte skjorteflak-effektive helgener-onde øyne- og slipsets fornedrelse. *Verdens Gang*, 5 July, p.3.
1954 'Skuddene smeller i patanenes land: Pakistanbrev om mord i retten-kvinners klagerop-sosialt tilpasset gråt-hallesbyske prester-og hevneren fra Bombay', *Verdens Gang*, 14 July, p.8.
1954 'Blant bortgjemte folkeslag i verdens høyeste fjell', *Verdens Gang*, 11 September, p.3.
1989 'Låt inte Afghanistan bli ett nytt Libanon', *Dagens Nyheter*, 3 September, p.3.
1993 'Obituary: Roger Keesing', *Anthropology Newsletter*, 34 (6): 6.
1998 'Nekrolog: Marie Krekling Johannessen', *Aftenposten*, 7 December, p.11.
2001 'Afghanistan: historien om et hjemsøkt folk', *Aftenposten*, 2 December, p.11.
2001 'Universitetenes første oppgave', *Aftenposten*, 21 April, p.11.
2003 'Katastrofen rammer den siste uberørte øy', *Aftenposten*, 14 January.
2007 [with Petter Bauck, Finn Sjue and Eva Søvre] 'Nekrolog: Pål Hougen', *Aftenposten*, 21 November, p.16.

附录 2　其他参考文献

Ahmed, Akhbar S. (1980) *Millennium and Charisma among Pathans: A Critical Essay in Social Anthropology*. London: Routledge & Kegan Paul.

Anderson, Astrid, and Frøydis Haugane (2012) *Fredrik Barth: A Bibliography*. Oslo: Universitetsbiblioteket.

Anderson, Nels (1923) *The Hobo: The Sociology of the Homeless Man*. Chicago: University of Chicago Press.

Archetti, Eduardo P. (1991) 'Argentinian Tango: Male Sexual Ideology and Morality', in Reidar Grønhaug, Gunnar Haaland and Georg Henriksen (eds), *The Ecology of Choice and Symbol: Essays in Honour of Fredrik Barth*, Bergen: Alma Mater, pp. 280-96.

Ardener, Edwin (1989) *The Voice of Prophecy and Other Essays*, ed. Malcolm Chapman. Oxford: Blackwell.

Asad, Talal (1972) 'Market Model, Class Structure and Consent: A Reconsideration of Swat Political Organisation', *Man* 7: 74-94.

Bateson, Gregory (1958 [1936]) *Naven*, rev. edn. Stanford, CA:

Stanford University Press.

Bateson, Gregory, and Margaret Mead (1942) *Balinese Character: A Photographic Analysis*. New York: New York Academy of Sciences.

Bateson, Nora (2011) *An Ecology of Mind: A Daughter's Portrait of Gregory Bateson* (film). Bellingham, WA: Bullfrog Films.

Bauman, Zygmunt (1996) 'From Pilgrim to Tourist; or A Short History of Identity', in Stuart Hall and Paul Du Gay (eds), *Questions of Cultural Identity*. London: Sage, pp.18-36.

Blom, Jan-Petter (1969) 'Ethnic and Cultural Differentiation', in Fredrik Barth (ed.), *Ethnic Groups and Boundaries: The Social Organization of Culture Difference*. Oslo: Universitetsforlaget, pp. 75-85.

Blom, Jan Petter, and Olaf Smedal (2007) 'En paradoksal antropolog', *Norsk Antropologisk Tidsskrift* 3: 191-206.

Bohannan, Paul (1959) 'The Impact of Money on an African Subsistence Economy', *Journal of Economic History* 19: 491-503.

Bourdieu, Pierre (1993) *The Field of Cultural Production*. Cambridge: Polity Press.

Brox, Ottar (1966) *Hva skjer i Nord-Norge? En studie i norsk utkantpolitikk*. ['What's going on in Northern Norway? A study in Norwegian district politics']. Oslo: Pax.

Brox, Ottar, and Marianne Gullestad, eds. (1989) *På norsk grunn: Sosialantropologiske studier av Norge, nordmenn og det norske* ['On Norwegian turf: Social anthropological studies of Norway, Norwegians and the Norwegian']. Oslo: Ad Notam.

Christie, Nils (1975) *Hvor tett et samfunn?* [How dense a society?']. Oslo: Universitetsforlaget 1975.

Clifford, James, and George Marcus, eds. (1986) *Writing Culture:*

The Poetics and Politics of Ethnography. Berkeley: University of California Press.

Cohen, A.P. (1994) *Self Consciousness*. London: Routledge.

Coon, Carleton (1962) 'Review of *Nomads of South Persia*', *American Anthropologist* 64(3): 636-638.

Douglas, Mary (1966) *Purity and Danger: An Analysis of Concepts of Pollution and Taboo*. London: Routledge & Kegan Paul.

Dumont, Louis (1980 [1967]) *Homo Hierarchicus: The Caste System and its Implications*, 2nd edn., trans. Mark Sainsbury, Louis Dumont and Basia Gulati. Chicago: University of Chicago Press.

—— (1967) 'Caste: A Phenomenon of Social Structure or an Aspect of Indian Culture?', in A. de Rueck and J. Knight (eds), *Caste and Race: Comparative Approaches*. London: Churchill, pp. 28-38.

Dupree, Louis (1968) 'Review of *The Social Organization of the Marri Baluch*', *American Anthropologist* 70(1): 140-142.

Durkheim, Emile (1984 [1893]) *The Division of Labour in Society*, trans. W.D. Halls. New York: Free Press.

Eidheim, Harald (1969) 'When Ethnic Identity is a Social Stigma', in Fredrik Barth (ed.), *Ethnic Groups and Boundaries: The Social Organization of Culture Difference*. Oslo: Universitetsforlaget, pp.39-57.

Eriksen, Thomas Hylland (2010) *Ethnicity and Nationalism: Anthropological Perspectives*, 3rd edn. London: Pluto.

——(2013) 'Radcliffe-Brown, A. R.', in R. McGee and R. Warms (eds), *Theory in Social and Cultural Anthropology: An Encyclopedia*. Thousand Oaks, CA: Sage, pp.678-682.

Eriksen, Thomas Hylland, and Finn Sivert Nielsen (2013) *A History of Anthropology*, 2nd edn. London: Pluto.

Evans-Pritchard, E.E. (1940) *The Nuer*. Oxford: Clarendon Press.

—— (1951) *Social Anthropology*. London: Cohen & West.

Falkenberg, Johannes (1948) *Et steinalderfolk i vår tid* ['A Stone Age people in our time']. Oslo: Gyldendal.

—— (1962) *Kin and Totem: Group Relations of Australian Aborigines in the Port Keats District*. Oslo: Oslo University Press.

Firth, Raymond (1951) *Elements of Social Organization*. London: Watts.

Fortes, Meyer, and E.E. Evans-Pritchard, eds. (1940) *African Political Systems*. London: Oxford University Press.

Frazer, James G. (1935) *Totemism and Exogamy: A Treatise on Certain Early Forms of Superstition and Society*, 4 vols. London: Macmillan.

—— (1995 [1922]) *The Golden Bough: A Study in Magic and Religion*, abr. edn. New York: Touchstone.

Fürer-Haimendorf, Christoph von (1952) 'The Southern Mongoloid Migration', *Man* 52(2): 80.

Furnivall, J. H. (1947) *Colonial Policy and Practice: A Comparative Study of Burma and the Netherlands India*. Cambridge: Cambridge University Press.

Geertz, Clifford (1973) 'Religion as a Cultural System', in *The Interpretation of Cultures*. New York: Basic Books, pp.87-125.

Giddens, Anthony (1979) *Central Problems in Social Theory*. London: Macmillan.

Giliomee, Hermann (2003) *The Afrikaners: Biography of a People*. Charlottesville: University of Virginia Press.

Gingrich, Andre (2005) 'The German-speaking Countries', in Fredrik Barth, Andre Gingrich, Robert Parkin and Sydel Silverman, *One Discipline, Four Ways: British, German, French, and*

American Anthropology. Chicago: University of Chicago Press, pp.61-156.

Gluckman, Max (1956) *Custom and Conflict in Africa*. Oxford: Blackwell.

Goffman, Erving (1959) *The Presentation of Self in Everyday Life*. Garden City, NY: Doubleday.

Grønhaug, Reidar (1974) *Micro-Macro Relations: Social Organization in Antalya, Southern Turkey*. Occasional Papers in Social Anthropology, 7. Bergen: Institutt for Sosialantropologi.

—— (1975) 'Transaction and Signification: An Analytical Distinction in the Study of Interaction', unpublished mimeograph. Bergen: Institutt for Sosialantropologi.

—— (1978) 'Scale as a Variable in Analysis: Fields in Social Organization in Herat, Northwest Afghanistan', in Fredrik Barth (ed.), *Scale and Social Organization*. Oslo: Universitetsforlaget, pp.78-121.

Grønhaug, Reidar, Gunnar Haaland and Georg Henriksen, eds. (1991) *The Ecology of Choice and Symbol: Essays in Honour of Fredrik Barth*. Bergen: Alma Mater.

Haaland, Gunnar (1969) 'Economic Determinants in Ethnic Processes', in Fredrik Barth (ed.), *Ethnic Groups and Boundaries: The Social Organization of Culture Difference*. Oslo: Universitetsforlaget, pp.58-74.

—— (1991) 'Introduction', in Reidar Grønhaug, Gunnar Haaland and Georg Henriksen (eds), *The Ecology of Choice and Symbol: Essays in Honour of Fredrik Barth*. Bergen: Alma Mater, pp.9-22.

Hann, Chris, and Keith Hart (2011) *Economic Anthropology: History, Ethnography, Critique*. Cambridge: Polity.

Hannerz, Ulf (1980) *Exploring the City: Inquiries toward an Urban Anthropology*. New York: Columbia University Press.

Harris, Marvin (1968) *The Rise of Anthropological Theory: A History of Theories of Culture*. New York: Crowell.

Henriksen, Georg (1974) *Economic Growth and Ecological Balance: Problems of Development in Turkana*. Bergen: Bergen Studies in Social Anthropology.

Hernes, Gudmund (1988) 'Nomade med fotnoter' ['Nomad with footnotes'], *Dagbladet*, 22 December.

Hviding, Edvard (1995) *Barth om Barth* ['Barth on Barth'], unpublished typescript.

Hviding, Edvard, and Harald Tambs-Lych (1996) 'Curiosity and Understanding', *The Norseman* 4/5: 21-28.

Jenkins, Richard (2014 [1996]) *Social Identity*, 4th edn. London: Routledge.

Kapferer, Bruce, ed. (1976) *Transaction and Meaning: Directions in the Anthropology of Exchange and Symbolic Behaviour*. Philadelphia: Institute for the Study of Human Issues.

Klausen, Arne Martin (1968) *Kerala Fishermen and the Indo-Norwegian Pilot Project*. Oslo: Universitetsforlaget.

—— (1970) *Kultur: variasjon og sammenheng* ['Culture: variations and connections']. Oslo: Gyldendal.

Krader, Lawrence (1961) 'Review of *Political Leadership among Swat Pathans*', *American Anthropologist* 63(5): 1122-1123.

Kuper, Adam (1996) *Anthropology and Anthropologists: The Modern British School*, 3rd edn. London: Routledge.

—— (1999) *Culture: The Anthropologist's Account*. Cambridge, MA: Harvard University Press. Kuper, Adam, ed. (1992) *Conceptualizing Society*. London: Routledge.

Leach, Edmund R. (1951) 'The Structural Implications of Matrilateral Cross-cousin Marriage', *Journal of the Royal Anthropological Institute* 81(1/2): 23-55.

—— (1954) *Political Systems of Highland Burma*. London: Athlone.

—— (1961) *Rethinking Anthropology*. London: Athlone.

—— (1967) 'An Anthropologist's Reflections on a Social Survey', in D.G. Jongmans and Peter Gutkind (eds), *Anthropologists in the Field*. Assen: van Gorcum, pp.194-207.

—— (1976) *Culture and Communication: The Logic by which Symbols Are Connected*. Cambridge: Cambridge University Press.

Lévi-Strauss, Claude (1961 [1955]) *Tristes Tropiques*, trans. John Russell. New York: Criterion.

—— (1966) *The Savage Mind*. London: Weidenfeld & Nicolson.

—— (1969 [1949]) *The Elementary Structures of Kinship*, 2nd edn., trans. James Harle Bell, John Richard von Sturmer and Rodney Needham. London: Eyre & Spottiswoode.

—— (1973 [1955]) *Tropisk elegi*, trans. Alv Alver. Oslo: Gyldendal.

Malinowski, Bronislaw (1967) *A Diary in the Strict Sense of the Term*. London: Routledge & Kegan Paul.

Mauss, Marcel (1954 [1923/4]) *The Gift*, trans. Ian Cunnison. London: Cohen & West.

Mitchell, J. Clyde (1956) *The Kalela Dance*. Rhodes-Livingstone Papers, 27. Manchester: Manchester University Press.

Monsutti, Alessandro, and Boris-Mathieu Pétric (2005) 'Des collines du Kurdistan aux hautes terres de Nouvelle-Guinée: Entretien avec Fredrik Barth', *ethnographiques.org*, 8 November. Retrieved 12 August 2013 from: www.ethnographiques.org/.

Neumann, Iver B. (1982) 'Antroportrettet: Fredrik Barth' ['The Anthropoportrait: Fredrik Barth'], *Antropress* 4: 5-13.

Næss, Arne (1969) *Hvilken verden er den virkelige? -gir filosofi og kultur svar?* ['Which world is the real one? Do philosophy and culture provide the answer?']. Oslo: Universitetsforlaget.

Neumann, John von, and Oskar Morgenstern (1944) *Theory of Games and Economic Behavior*. Princeton: Princeton University Press.

Østerberg, Dag (1980) *Samfunnsteori og nytteteori* ['Social theory and utility theory']. Oslo: Universitetsforlaget.

Paine, Robert (1974) *Second Thoughts about Barth's Models*. Royal Anthropological Institute Occasional Paper, 32. London: Royal Anthropological Institute.

Pehrson, Robert N. (1966) *The Social Organization of the Marri Baluch*, compiled and analyzed from his notes by Fredrik Barth. Chicago: Aldine.

Peters, Emrys (1991) *The Bedouin of Cyrenaica: Studies in Personal and Corporate Power*, eds. Jack Goody and Emanuel Marx. Cambridge: Cambridge University Press.

Polanyi, Karl (1957 [1944]) *The Great Transformation: The Political and Economic Origins of our Time*. Boston: Beacon Press.

Popper, Karl (1959 [1936]) *The Logic of Scientific Discovery*. London: Hutchinson.

Rappaport, Roy A. (1968) *Pigs for the Ancestors: Ritual in the Ecology of a New Guinea People*. New Haven: Yale University Press.

Revel, Jacques, ed. (1996) *Jeux d'échelles: La micro-analyse à l'expérience*. Paris: Gallimard/Seuil.

Sartre, Jean-Paul (1946) *L'Existentialisme est un humanisme*. Paris: Nagel.

Smith, John Maynard (1982) *Evolution and the Theory of Games*. Cambridge: Cambridge University Press.

Smith, M.G. (1965) *The Plural Society in the British West Indies*. Berkeley: University of California Press.

Sperschneider, Werner (2001) *Fredrik Barth: From Fieldwork to Theory* (film). Göttingen: IWF Wissen und Medien.

Stenning, Derrick J. (1959) *Savannah Nomads: A Study of the Wodaabe Pastoral Fulani of Western Bornu Province, Northern Region, Nigeria*. London: Oxford University Press.

—— (1962) 'Household Viability among the Pastoral Fulani', in Jack Goody (ed.), *The Developmental Cycle of Domestic Groups*. Cambridge: Cambridge University Press, pp.92-119.

Tambiah, Stanley J. (2002) *Edmund Leach: An Anthropological Life*. Cambridge: Cambridge University Press.

Tsing, Anna Lowenhaupt (2012) 'On Nonscalability: The Living World Is Not Amenable to Precision-nested Scales', *Common Knowledge* 10(3): 505-524.

Turnbull, Colin (1973) *The Mountain People*. London: Jonathan Cape.

Turner, Victor W. (1967) *The Forest of Symbols: Aspects of Ndembu Ritual*. Ithaca, NY: Cornell University Press.

Wallace, Anthony F.C. (1961) *Culture and Personality*. New York: Random House.

Weber, Max (1946) 'Science as a Vocation', in *From Max Weber*, eds Hans Gerth and C. Wright Mills. Oxford: Oxford University Press, pp.129-156.

Wikan, Unni (1977) 'Man Becomes Woman: Transsexualism in Oman as a Key to Gender Roles', *Man* 12(2): 304-319.

—— (1980) *Life Among the Poor in Cairo*. London: Tavistock.

—— (1982) *Behind the Veil in Arabia: Women in Oman*. Baltimore: Johns Hopkins University Press.

—— (1990) *Managing Turbulent Hearts: A Balinese Formula for Living*. Chicago: University of Chicago Press.

—— (1996) 'The Nun's Story: Reflections on an Age-Old, Postmodern Dilemma', *American Anthropologist*, 98: 279-89.

—— (2013) *Resonance: Beyond the Words*. Chicago: University of Chicago Press.

Wilson, Bryan, ed. (1970) *Rationality*. Oxford: Blackwell.

Wittfogel, Karl (1959) *Oriental Despotism: A Comparative Study of Total Power*. New Haven: Yale University Press.